De volta ao ciclo:
tecnologias para a reciclagem de resíduos

Augusto Lima da Silveira

Rua Clara Vendramin, 58 | Mossunguê
CEP 81200-170 | Curitiba-PR | Brasil
Fone: (41) 2106-4170
www.intersaberes.com
editora@intersaberes.com

Conselho editorial
- Dr. Ivo José Both (presidente)
- Dr.ª Elena Godoy
- Dr. Neri dos Santos
- Dr. Ulf Gregor Baranow

Editora-chefe
- Lindsay Azambuja

Gerente editorial
- Ariadne Nunes Wenger

Assistente editorial
- Daniela Viroli Pereira Pinto

Preparação de originais
- Gilberto Girardello Filho

Edição de texto
- Floresval Nunes Moreira Junior
- Mille Foglie Soluções Editoriais
- Monique Francis Fagundes Gonçalves

Capa e projeto gráfico
- Luana Machado Amaro (design)
- 279photo Studio/Shutterstock (imagem)

Diagramação
- Bruno Palma e Silva

Designer responsável
- Luana Machado Amaro

Iconografia
- Sandra Lopis da Silveira
- Regina Claudia Cruz Prestes

Dados Internacionais de Catalogação na Publicação (CIP)
(Câmara Brasileira do Livro, SP, Brasil)

Silveira, Augusto Lima da
   De volta ao ciclo: tecnologias para a reciclagem de resíduos [livro eletrônico]/Augusto Lima da Silveira. Curitiba: InterSaberes, 2021. (Série Química, Meio Ambiente e Sociedade)

   ISBN 978-65-5517-859-3

   1. Indústria de reciclagem 2. Reaproveitamento (Sobras, refúgios, etc.) 3. Reciclagem (Resíduos etc.) 4. Reciclagem do lixo 5. Resíduos sólidos 6. Tecnologia I. Título. II. Série.

20-49324   CDD-628.4458

Índices para catálogo sistemático:

1. Reciclagem de resíduos: Tecnologia   628.4458

Cibele Maria Dias – Bibliotecária – CRB-8/9427

1ª edição, 2021.

Foi feito o depósito legal.

Informamos que é de inteira responsabilidade do autor a emissão de conceitos.

Nenhuma parte desta publicação poderá ser reproduzida por qualquer meio ou forma sem a prévia autorização da Editora InterSaberes.

A violação dos direitos autorais é crime estabelecido na Lei n. 9.610/1998 e punido pelo art. 184 do Código Penal.

Sumário

Dedicatória □ 6
Agradecimentos □ 7
Apresentação □ 9
Como aproveitar conscientemente os
materiais oferecidos neste livro □ 11
Iniciando o ciclo □ 15

Capítulo 1
Panorama histórico sobre a humanidade
e o descarte de materiais □ 17
1.1 Contextualização dos materiais descartados □ 18
1.2 Histórico da relação humana com o descarte □ 22
1.3 Processos produtivos, consumo e influência
nas questões ambientais □ 30

Capítulo 2
Concepções sobre resíduos sólidos
e cenário atual da reciclagem □ 45
2.1 Uma distinção necessária entre os materiais
descartados □ 47
2.2 Boas práticas relativas aos resíduos sólidos □ 50
2.3 História dos bens de consumo: a estratégia da avaliação
do ciclo de vida (ACV) □ 56
2.4 Política Nacional de Resíduos Sólidos e panorama
do descarte e da reciclagem □ 66

Capítulo 3

Reciclagem de materiais: da viabilização aos problemas ambientais da não efetivação ◻ 84

3.1 Viabilizando a reciclagem 86
3.2 Processo de reciclagem 105
3.3 Custos ambientais da não efetivação da reciclagem 111

Capítulo 4

Processos de reciclagem do plástico ◻ 122

4.1 Histórico do uso do plástico ◻ 123
4.2 Processo produtivo ◻ 127
4.3 Reciclagem ◻ 131
4.4 Impactos ambientais da reciclagem do plástico ◻ 145

Capítulo 5

Reciclagem do papel ◻ 152

5.1 Histórico do uso do papel ◻ 153
5.2 Processo produtivo ◻ 157
5.3 Reciclagem ◻ 160
5.4 Impactos ambientais da reciclagem do papel ◻ 167

Capítulo 6

Reciclagem do vidro ◻ 174

6.1 Histórico do uso do vidro ◻ 175
6.2 Processo produtivo ◻ 178
6.3 Impactos ambientais da reciclagem do vidro ◻ 181

Capítulo 7
Reciclagem dos metais □ 191
7.1 Histórico do uso dos metais □ 193
7.2 Processo produtivo □ 195
7.3 Impactos ambientais da reciclagem de metais □ 197

Concluindo o ciclo □ 208
Lista de siglas □ 211
Matéria-prima utilizada □ 213
Materiais selecionados □ 222
Apêndice □ 224
Respostas □ 230
Sobre o autor □ 233

Dedicatória

A toda a minha família, em especial aos meus pais (José e Madalena), meus irmãos (Carolina e Saulo), meu marido (Linconl) e minha filha de quatro patas (Farofa).

Agradecimentos

Não há nada melhor neste mundo do que ter a oportunidade de trabalhar com temáticas que tocam diretamente nosso coração. Grande parte dos meus estudos estão relacionados à água e aos efeitos de substâncias tóxicas nos ambientes. No entanto, falar sobre resíduos sólidos e processos de reciclagem me faz lembrar as minhas raízes, e refletir sobre as oportunidades que os materiais descartados podem proporcionar especialmente a famílias às quais as únicas coisas que restam são o amor e a oportunidade que vem do lixo/resíduo.

Certo dia alguém me contou, com lágrimas nos olhos, que precisou do lixo para não passar fome, para poder viver, para ser alguém na vida – para ser, de fato, humano. Pode ser que essa pessoa não saiba, mas transformou para sempre a minha vida e criou em mim essa necessidade de entender o ambiente e a relação com as nossas vidas. Agradeço por ter sido o conforto daquela pessoa e, ao mesmo tempo, digno de tamanha confiança naquele momento.

Sou muito grato à minha família, por aceitarem o aperto da saudade em nome da finalização de mais um manuscrito.
Por toda a compreensão pelos encontros que deixamos de ter. A meus pais, José e Madalena, por serem meu maior exemplo neste mundo, e a meus irmãos, Carolina e Saulo, por estarem nesta jornada da vida comigo e sempre por mim. Agradeço à família que Deus me deu a oportunidade de construir, aquele porto seguro para os momentos de desespero e de felicidade: meu marido Linconl e nossa filhinha de quatro patas, Farofa.

Agradeço ao professor Rodrigo Berté, por ter confiado em meu trabalho e me possibilitado exercer a minha vocação, que é lecionar. Meus agradecimentos vão também a todos os professores que me tornaram o profissional de hoje, em especial: aos meus primeiros orientadores, professor Thomaz e professora Lúcia; às professoras Fátima e Valma, da Universidade Tecnológica Federal do Paraná (UTFPR), por me ensinarem tanto sobre os resíduos; à professora Helena, por toda a compreensão, por ser uma profissional exemplar, e uma orientadora de doutorado incrível.

Agradeço, também, a todos os meus amigos que me dão a força para continuar minha jornada e por segurarem minha mão nos momentos mais difíceis.

Por fim, agradeço à Editora InterSaberes e aos professores do curso de Química do Centro Universitário Internacional Uninter, pela oportunidade e pela confiança no desenvolvimento desta obra.

Apresentação

É urgente o debate sobre o lixo, o rejeito, os resíduos sólidos e os materiais descartados. E os discursos não podem ser apenas teóricos e distantes de prática cotidiana; têm de revelar uma reflexão que passe pela produção de conhecimentos que se aproximem da sociedade e que priorizem a ação. Não se trata de minimizar o conhecimento técnico e científico, tão necessário para o desenvolvimento de estratégias para lidar com a problemática, mas de democratizar aspectos importantes e que se efetivam somente com a participação de toda a sociedade.

Apesar de esta obra tratar especificamente da reciclagem, é muito importante destacar que as estratégias mais efetivas para o controle da problemática do lixo, do ponto de vista da sustentabilidade, priorizam a não geração resultante da redução de consumo. Entretanto, se considerarmos o cenário atual de descarte, as tecnologias de reciclagem são indispensáveis para reduzir a pressão sobre os recursos naturais. Ainda vivemos em um contexto em que tudo se descarta muito facilmente e, ao mesmo tempo, as tecnologias de reaproveitamento e reciclagem para a maioria dos materiais ainda estão em fase de desenvolvimento e aprimoramento.

Sob essa ótica, esta obra está dividida em sete capítulos. No Capítulo 1, discutimos os aspectos históricos ligados à relação humana com os resíduos e seu descarte, em um contexto de intenso incentivo ao consumo.

No Capítulo 2, aprofundamo-nos na concepção dos materiais descartados para a compreensão das diferenças entre lixo e resíduo. Comentamos as boas práticas na gestão dos resíduos sólidos e como elas podem favorecer a efetivação da reciclagem. Discutimos as principais estruturas para a viabilização do reaproveitamento e da reciclagem no Capítulo 3. As temáticas principais são: segregação de resíduos, coleta seletiva, papel dos catadores de materiais recicláveis e definições relacionadas à reciclagem. Além disso, abordamos os principais impactos ambientais resultantes da disposição final inadequada de resíduos sólidos.

Nos Capítulos 4, 5, 6 e 7, tratamos da reciclagem de materiais, respectivamente do plástico, do papel, do vidro e dos metais. Inicialmente, analisamos as principais características do processo produtivo e o contexto brasileiro na reciclagem. Também explicitamos as questões ambientais correlacionadas.

No "Apêndice" desta obra, apresentamos duas técnicas importantes para a reciclagem: a compostagem (aproveitamento dos resíduos orgânicos) e o coprocessamento (aproveitamento de muitos resíduos até então considerados não recicláveis). Essas duas técnicas permitem a ampliação das possibilidades de reinserção desses materiais em novos processos.

Como aproveitar conscientemente os materiais oferecidos neste livro

Empregamos nesta obra recursos que visam enriquecer seu aprendizado, facilitar a compreensão dos conteúdos e tornar a leitura mais dinâmica. Conheça a seguir cada uma dessas ferramentas e saiba como elas estão distribuídas no decorrer deste livro para bem aproveitá-las.

Conhecendo os materiais que serão trabalhados

Logo na abertura do capítulo, informamos os temas de estudo e os objetivos de aprendizagem que serão nele abrangidos, fazendo considerações preliminares sobre as temáticas em foco.

Explorando novas matérias-primas

Para ampliar seu repertório, indicamos conteúdos de diferentes naturezas que ensejam a reflexão sobre os assuntos estudados e contribuem para seu processo de aprendizagem.

Atenção a estas informações!

Algumas das informações centrais para a compreensão da obra aparecem nesta seção. Aproveite para refletir sobre os conteúdos apresentados.

Reprocessando as informações coletadas

Ao final de cada capítulo, relacionamos as principais informaçõesnele abordadas a fim de que você avalie as conclusões a que chegou, confirmando-as ou redefinindo-as.

Triagem de conhecimentos

Apresentamos estas questões objetivas para que você verifique o grau de assimilação dos conceitos examinados, motivando-se a progredir em seus estudos.

Aplicação dos recursos adquiridos

Aqui apresentamos questões que aproximam conhecimentos teóricos e práticos a fim de que você analise criticamente determinado assunto.

Materiais selecionados

Nesta seção, comentamos algumas obras de referência para o estudo dos temas examinados ao longo do livro.

Iniciando o ciclo

De acordo com Hoornweg e Bhada-Tata (2012), as cidades do mundo produzem cerca de 1,3 bilhão de toneladas de lixo por ano e, tendo em mente o quadro atual, as projeções são de que essa produção atingirá 2,2 bilhões de toneladas em 2025. Considerando as projeções populacionais, a geração *per capita* será de 1,4 kg por pessoa por dia. Com isso, haverá um aumento significativo nos custos relativos ao gerenciamento desses materiais, passando de 205,4 para 375,5 bilhões de dólares ao ano.

Nesse cenário, as tecnologias para a reciclagem surgem como uma das alternativas para minimizar os danos ambientais, sociais e econômicos que o descarte de materiais tem provocado. Especialmente em países em desenvolvimento, como o Brasil, a questão é ainda mais crítica, em razão da fragilidade de implementação de políticas públicas voltadas à gestão dos resíduos sólidos. Um grande potencial de aproveitamento de materiais é desperdiçado diariamente, pois, na falta gerenciamento, recorre-se à destinação final inadequada, feita em lixões a céu aberto. Segundo o Instituto Brasileiro de Geografia e Estatística (IBGE), em sua Pesquisa Nacional de Saneamento Básico (sendo a de 2008 a mais recente a tratar do manejo de resíduos no país, até a elaboração desta obra), mais da metade dos municípios brasileiros (50,8%) destinava os resíduos em lixões, perdendo um grande potencial econômico resultante da reciclagem e reinserção desses materiais ao ciclo produtivo (IBGE, 2010). As projeções mais recentes indicam que esse quadro pouco evoluiu nos últimos anos, já que 40,5% dos municípios ainda destinavam os resíduos em lixões no ano de 2018 (Abrelpe, 2019).

Reconhecendo a importância dessa temática, nesta obra, nossa proposta é reunir aspectos relevantes sobre a reciclagem, apresentando as principais técnicas envolvidas na transformação de resíduos em novas matérias-primas. Com base nas discussões do meio acadêmico e tendo em vista a urgência em tratar dos resíduos sólidos, explicitamos o potencial da reciclagem para a conservação de recursos naturais. Para isso, evidenciamos o desenvolvimento histórico, o panorama atual, a coleta seletiva e a importância social dos catadores como a base para a compreensão e para as ações de desenvolvimento de novas tecnologias para a reciclagem.

Capítulo 1

Panorama histórico sobre a humanidade e o descarte de materiais

Você já parou para pensar desde quando o lixo produzido por nós, humanos, passou a representar um problema ao gerar impactos ambientais, sociais e econômicos? Neste capítulo, propomos apresentar uma contextualização histórica a respeito dos materiais descartados. Explicaremos como a transição na forma de vida das primeiras civilizações foi o início de profundas mudanças na relação com tudo aquilo que é "jogado fora". O consumo e o fenômeno da obsolescência programada são também discutidos com o objetivo de melhor apresentarmos a produção de materiais descartados e os reflexos na atual demanda por tecnologias de reciclagem.

1.1 Contextualização dos materiais descartados

Naturalmente, os processos biológicos produzem e reassimilam resíduos o tempo todo. Animais e vegetais, ao fim do ciclo de vida, são "reciclados" na forma de nutrientes por organismos decompositores, como fungos e bactérias, que aproveitam os restos, já sem vida, em seus processos de reprodução e crescimento.

Embora o processo de decomposição não seja tipicamente retratado como reciclagem, em essência é um dos processos pelas quais o ambiente transforma os materiais não mais utilizados; assim, as carcaças sem vida de plantas e animais servem como nutrientes para a produção de novas estruturas celulares em organismos decompositores, concluindodo um ciclo e reduzindo drasticamente o desperdício (Havlíček; Kuča, 2017). É fundamental, antes de abordarmos os resíduos sólidos e os processos de reciclagem, ter clareza de que, conforme defende Barbieri (2007):

- a geração de resíduos sólidos é **inevitável** em qualquer atividade;
- reinserir os resíduos resultantes dos processos produtivos na forma de matéria-prima ou insumos contribui para minimizar o desperdício, a pressão sobre os recursos naturais e o acúmulo de materiais.

As atividades humanas, especialmente após a Revolução Industrial, têm sido responsáveis pela intensificação da problemática relacionada aos resíduos sólidos. Isso porque os sistemas produtivos, por muitos anos, não consideraram metodologias para a minimização no descarte de materiais. Nesse sentido, um dos grandes dilemas da sociedade capitalista moderna é produzir quantidades crescentes de bens de consumo, para atender a uma população também crescente e, ao mesmo tempo, lidar com as consequências desse processo. Invariavelmente, desse cenário de superexploração de recursos naturais, emerge a questão da escassez de matérias-primas e a geração de materiais a serem descartados (Barbieri, 2007).

Após o período da Revolução Industrial, as atividades humanas têm sido responsáveis pela intensificação da problemática relacionada aos resíduos sólidos

Explorando novas matérias-primas

Para se aprofundar no contexto da Revolução Industrial, bem como nas consequências ambientais desse evento, indicamos a leitura do artigo intitulado "Histórico ambiental: desastres ambientais e o despertar de um novo pensamento". Os autores explicitam as profundas transformações nos processos produtivos resultantes da Revolução Industrial e mostram que as questões ambientais foram uma peça-chave para perceber a necessidade de mudanças nas atividades produtivas.

POTT, C. M.; ESTRELA, C. C. Histórico ambiental: desastres ambientais e o despertar de um novo pensamento. **Estudos Avançados**. São Paulo, v. 31. n. 89, p. 271-283, jan./abr. 2017. Disponível em: <https://www.scielo.br/pdf/ea/v31n89/0103-4014-ea-31-89-0271.pdf>. Acesso em: 16 dez. 2020.

O lixo ou o resíduo (detalharemos bem a diferença entre eles nos próximos capítulos) é produzido desde o processo criativo para a concepção de um bem de consumo. Estes também são gerados no processo produtivo e ao fim do ciclo de vida de um produto, sendo esta última fonte a mais visível a nós, consumidores (Miller Jr., 2011). O eletrodoméstico de última geração, a roupa que é a última tendência para o verão ou aquele computador que promete transformar o dia a dia do usuário, cedo ou tarde se tornarão materiais a serem descartados. Ao contrário do que muitos pensam, quando um material é descartado, não se está acabando com um problema, mas, sim, criando outro, que poderá durar por, pelo menos, algumas centenas de anos.

Entretanto, os tipos de materiais descartados se modificaram e são um reflexo das atividades desenvolvidas pelas civilizações ao longo da história humana. Nesse sentido, antes de discutirmos o cenário atual relacionado aos resíduos sólidos, é fundamental empreendermos uma contextualização histórica a respeito do lixo. Nessa perspectiva, uma questão norteadora é: O lixo sempre foi um problema para os seres humanos?

Para refletirmos a respeito dessa pergunta, analisaremos nas próximas seções alguns fatos históricos sobre a humanidade, a relação com o meio ambiente e o descarte de materiais.

1.2 Histórico da relação humana com o descarte

Indiscutivelmente, o desenvolvimento tecnológico proporcionou grandes avanços e, consequentemente, maior comodidade para realizar as mais variadas tarefas do dia a dia. Até bem pouco tempo, por exemplo, seria impensável conversar quase instantaneamente com alguém que está do outro lado do planeta. Atualmente, a comunicação em alta velocidade é rotina e está disponível a uma grande parcela da população, por meio da internet.

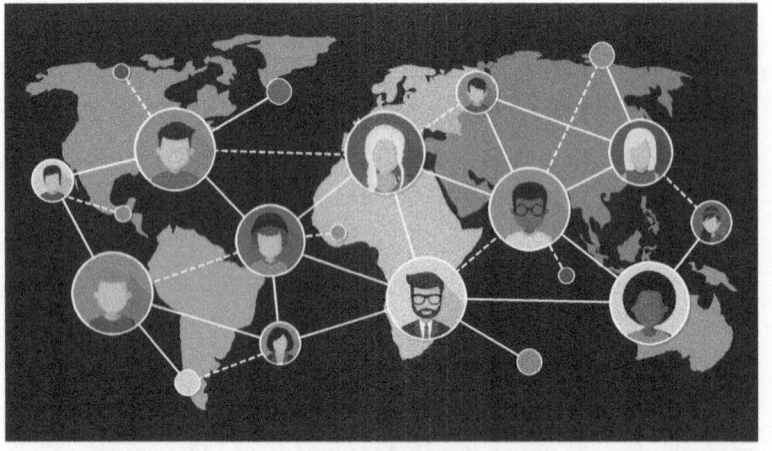

Maike Hildebrandt/Shutterstock

Entretanto, o uso sem critério dos recursos naturais e a ausência de um pensamento voltado para a minimização de resíduos sólidos criaram um contexto de acúmulo de materiais bastante preocupante do ponto de vista socioambiental.

Além da maior oferta de produtos e de resíduos, com o tempo, a sociedade adotou o hábito de afastar o descarte de si. Tipicamente, os materiais são depositados em locais distantes situados na periferia das grandes cidades. Esse comportamento deita raízes em aspectos biológicos relativos ao instinto de sobrevivência (Havlíček; Kuča, 2017), como é o caso da reação humana a certos estímulos olfativos.

Embora o odor tenha um significado bastante subjetivo e variável entre pessoas e culturas diferentes, ele é um dos fatores responsáveis por moldar a relação das pessoas com os materiais que descartados na forma de lixo, especialmente após o desenvolvimento de técnicas agrícolas que fixaram os territórios humanos e iniciaram o problema do acúmulo. Os receptores olfativos do homem podem fornecer a ele informações a respeito da qualidade e da segurança alimentar e/ou da qualidade ambiental a sua volta. Essa característica permite identificar possíveis ameaças. Nesse sentido, o sentimento de repulsa pelo lixo produzido pode ter a influência da forma como o organismo reage aos estímulos olfativos, já que comumente materiais descartados apresentam odores fortes resultantes da decomposição de resíduos orgânicos (Havlíček; Kuča, 2017).

Atenção a estas informações!

Uma das contribuições do incentivo à coleta seletiva é que a separação evita que materiais orgânicos sejam misturados ao resíduo reciclável, minimizando, assim, o sentimento inicial de repulsa pelo que é descartado*. A sensibilização da sociedade para a valoração de resíduos sólidos durante o reaproveitamento ou reciclagem será tão efetiva quanto mais desenvolvidos forem os mecanismos de segregação e coleta seletiva de materiais. Essa relação ficará ainda mais evidente quando tratarmos especificamente dessa temática.

Evidências arqueológicas indicam que já no período da pré-história o ser humano tinha grande dificuldade de conviver com restos que apresentavam mau odor. Em razão dessa dificuldade, o lixo era queimado e, em seguida, separado entre ossos e cinzas e levado a locais específicos. Nesse período, a principal característica dos agrupamentos humanos era a forma de vida nômade, ou seja, os povos migravam constantemente em busca de condições de sobrevivência, como abrigo e alimentação disponíveis (Eigenheer, 2009).

A Figura 1.1 retrata uma das formas de subsistência humana para o período pré-histórico. Trata-se de uma representação, bastante comum em pinturas rupestres do período, de atividades de caça. A forma de vida nômade permitia uma pressão reduzida sobre os recursos naturais, já que a coleta de frutos, a pesca e a caça eram realizadas apenas para a sobrevivência (Watanabe, 2011).

---

* Uma das formas de evitar o mau cheiro dos resíduos orgânicos é segregar esse material e realizar a reciclagem. No "Apêndice" desta obra, detalhamos uma das tecnologias para reciclar os resíduos orgânicos, a compostagem.

Figura 1.1 – Pintura rupestre que retrata a caça

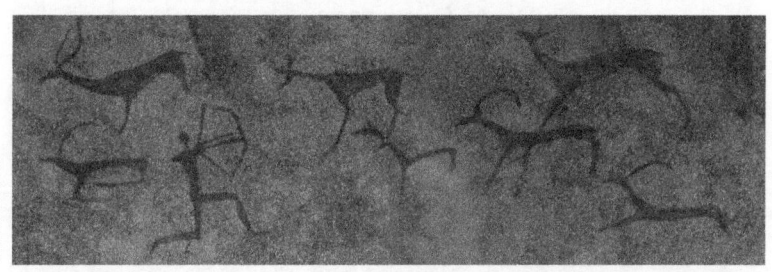

Nesse período, o lixo ainda não representava um problema ao ser humano. Afinal, o material descartado apresentava baixa complexidade (basicamente, era composto por materiais orgânicos), o contingente populacional era reduzido e a característica migratória dos agrupamentos humanos resultava em um reduzido acúmulo de materiais. Esse cenário passou por profundas mudanças quando as primeiras aldeias fixaram residência, por volta de 4.000 a.C. Segundo Eigenheer (2009), com o desenvolvimento das técnicas agrícolas e da criação de animais, a vida nômade já não era mais a escolha da maioria dos grupos (Figura 1.2).

Figura 1.2 – Registro iconográfico da agricultura e da criação de animais na Antiguidade

Nesse período, os agrupamentos humanos observavam com atenção as condições naturais e sua influência na produção de alimentos. Um dos primeiros impactos após a fixação de territórios foi a presença marcante de esterco animal que, em razão de odores repulsivos, era depositado em locais afastados. Os homens daquele tempo perceberam que nos locais em que eram depositadas as fezes animais as plantas apresentavam melhor desenvolvimento, e a ideia de utilidade daquilo que era descartado passou a ser considerada. Foi nesse contexto que provavelmente surgiu o dilema humano em relação àquilo que deve ser descartado, o instinto para o afastamento de materiais que causam repulsa e, ao mesmo tempo, o reconhecimento de que o material a ser descartado pode ser útil (Eigenheer, 2009).

A mudança na forma de vida e o desenvolvimento das técnicas agrícolas foram alguns dos primeiros passos que trouxeram a humanidade ao cenário atual em relação aos resíduos sólidos no mundo. Entretanto, como já mencionamos, o período da Revolução Industrial foi o que mais contribuiu para a problemática do lixo, pois esse período promoveu grande crescimento econômico e, simultaneamente, alterou drasticamente a organização social. O crescimento populacional aliado ao novo modo de produção em série intensificou o uso de recursos naturais e, consequentemente, a geração de materiais a serem descartados, nessa relação humana com o ambiente que perdura até a atualidade (Breda, 2016).

A Revolução Industrial marcou a implementação de processos produtivos e a disponibilidade de bens mais céleres do que a maneira artesanal de produção dos primeiros agrupamentos urbanos. A utilização de máquinas com tecnologias até então desconhecidas (por exemplo, máquina a vapor – Figura 1.3) aumentou a oferta e, consequentemente, reduziu o preço de aquisição dos produtos. Foi nesse cenário que a **lógica capitalista** passou a ser bem evidente, e a busca por mercados consumidores se tornou essencial para a manutenção da organização social estabelecida a partir de então (Watanabe, 2011).

Figura 1.3 – Protótipo da primeira locomotiva a vapor

A primeira locomotiva a vapor foi criada por George Stephenson e William Losh. Além dos processos produtivos, a máquina a vapor também começava a ser utilizada em meios de transporte.

HodagMedia/Shutterstock

O acúmulo de materiais se intensificou após a Revolução Industrial em razão das mudanças na composição dos bens de consumo. Inicialmente, a predominância de resíduos orgânicos das primeiras formas de civilização facilitava a assimilação pelo ambiente daquilo que era descartado. Com a produção de materiais sintéticos e de alta durabilidade, o quadro de acúmulo de materiais se agravou.

Atualmente, a composição dos resíduos é influenciada por muitos fatores, tais como o nível de desenvolvimento econômico, os aspectos culturais, as fontes de energia e a localização geográfica. De maneira geral, nos países em desenvolvimento, de 40 a 85% dos resíduos são de materiais orgânicos, ao passo que, em países desenvolvidos, esses materiais representam de

28 a 31% do montante (Hoornweg; Bhada-Tata, 2012). Esse fator influencia no acúmulo e na demanda por métodos de redução, reutilização (reuso) ou reciclagem.

Atenção a estas informações!

Os termos *reutilização* e *reuso* são empregados na literatura como sinônimos, não sendo identificadas abordagens que tratem das diferenças entre eles quando aplicados aos resíduos sólidos. Cabe destacar que no contexto dos materiais descartados o termo *reutilização* predomina; *reuso* predomina na determinação do consumo daquela água que antes apresentava características que inviabilizariam o uso, mas que após a aplicação de tecnologias de tratamento pode ser consumida em processos produtivos.

Até a década de 1970, os temas poluição e descarte de resíduos eram associados apenas às fragilidades das grandes indústrias, especialmente aquelas ligadas ao desenvolvimento e processamento de produtos químicos. Somente ao final dos anos 1990 é que a preocupação com a produção e o descarte começou a ser discutida abrangendo todos os empreendimentos (Young; Byrne; Cotterell, 1997).

Ainda hoje é comum optar por levar os materiais descartados para locais distantes do convívio social. Esse comportamento contribui para um quadro ainda mais preocupante, pois a maioria da população não tem a real dimensão dessa problemática. Assim, ao desconhecerem o estado de degradação ambiental atrelada à destinação de resíduos, é pouco provável que as pessoas adotem medidas para a mudança de conduta ou que auxiliem na fiscalização de políticas públicas. Por isso, a democratização dos conhecimentos sobre a temática é fundamental para fomentar ações efetivas de reciclagem, bem como o desenvolvimento de novas tecnologias para reinserir os materiais no ciclo produtivo.

1.3 Processos produtivos, consumo e influência nas questões ambientais

Dada a importância do consumo para os aspectos relativos ao descarte e à reciclagem, detalharemos essa relação. Um dos itens necessários para a manutenção do modo de produção capitalista é o consumo. Os produtos são projetados para atender às expectativas de um mercado consumidor, nem que para isso seja necessário criar tais expectativas. Os hábitos de consumo de uma população podem fazer a diferença para as políticas de conservação ambiental e para as práticas de reciclagem de materiais (Watanabe, 2011).

A disponibilidade de inúmeros bens e serviços é fruto da capacidade do ser humano de extrair recursos naturais e transformá-los de acordo com suas necessidades. Tal capacidade evoluiu à medida que certas tecnologias e formas de organização social foram surgindo, conforme já mencionamos (Eigenheer, 2009).

A manutenção da atual organização social, baseada nos processos produtivos e no acúmulo de capital, demanda o **consumo de bens e serviços**. Todos os dias surgem novos produtos e serviços para atender a consumidores com necessidades cada vez mais complexas. É possível observar também o surgimento marcante de signos (por exemplo, as marcas mundialmente famosas) que identificam comportamentos e estilos de determinados grupos sociais. Há uma tendência, possibilitada por estratégias efetivas de *marketing,* na preferência por tais signos em detrimento da utilidade dos bens. Esse fenômeno é bastante comum no atual sistema de produção capitalista, em que a escolha de consumo de bens e serviços está prioritariamente sustentada sobre marca, ficando em segundo plano a utilidade/qualidade de determinado produto. Tal comportamento é reflexo da busca humana pela aceitação entre grupos, já que esses signos não só conferem identidade a quem os possui, mas também influenciam na estrutura das relações socialmente estabelecidas (Watanabe, 2011).

Explorando novas matérias-primas

Para que você compreenda os fatores envolvidos na relação entre consumo e meio ambiente, indicamos a leitura do livro *A história das coisas,* de Annie Leonard. Nele, são discutidos aspectos da relação atual com o consumo e como o homem está direta ou indiretamente poluindo o ambiente, em nome da oferta de novos bens de consumo. Considerando produtos consumidos diariamente, a autora convida à reflexão sobre os impactos sobre o ambiente e a saúde humana, bem como a respeito da real necessidade de consumir certos produtos. O livro foi baseado no vídeo *The Story of Stuff*, cuja versão em português pode ser acessada no *link* a seguir.

LEONARD, A. **A história das coisas**: da natureza ao lixo, o que acontece com tudo que consumimos. Rio de Janeiro: Zahar, 2001.

A HISTÓRIA das coisas (versão brasileira). (21 min. 17 s). Disponível em: <https://www.youtube.com/watch?v=7qFiGMSnNjw>. Acesso em: 17 dez. 2020.

Nesse contexto, as relações de consumo não são resultado de decisões totalmente livres, já que se não estiver utilizando o *smartphone* e as roupas da moda, o indivíduo será questionado e, na maioria das vezes, rotulado como alguém "ultrapassado". Esse comportamento influencia diretamente na pressão sobre os recursos naturais, por meio de maior extração de matéria-prima e dos maiores impactos ambientais no descarte, por exemplo, daquele celular que não está mais na categoria "*top* de linha".

Ao ser capaz de modificar o ambiente e transformar recursos naturais em bens e serviços, gradativamente o ser humano foi adotando uma postura antropocêntrica, na qual o ambiente é pensado predominantemente como um repositório infinito de matérias-primas e um sumidouro de materiais descartados. A consequência disso é crise ambiental que agora se evidencia. Estrategicamente, até as ações para a promoção da sustentabilidade em empreendimentos tornou-se algo comercializável e que contribui para a manutenção do modo de produção atual. Afinal, quando empreendimentos se dizem sustentáveis e de baixo impacto ambiental, estão atendendo a necessidades de um mercado consumidor em ascensão. Portanto, a visão de meio ambiente nas relações de consumo está voltada para o atendimento das necessidades humanas, e não para a manutenção do equilíbrio e da disponibilidade de recursos para todas as espécies (Cifuentes-Ávila; Díaz-Fuentes; Osses-Bustingorry, 2018). Obviamente, tal comportamento carrega consigo uma equação bastante complexa a ser resolvida. O ser humano gera um volume cada vez maior de materiais descartados, já que precisa comprar novos bens em intervalos de tempo cada vez menores, e ao mesmo tempo está em um planeta que dispõe de recursos e espaço limitados para lidar com tudo o que é produzido e descartado.

Esse problema é agravado por uma das estratégias de grandes corporações no incentivo ao descarte e ao consumo de novos bens: a **obsolescência programada**. Imagine a seguinte situação: você adquire uma excelente geladeira, reconhecida pelo padrão de qualidade e de durabilidade. Naturalmente, produtos com essas características deveriam apresentar um tempo maior de uso até seu descarte; entretanto, existem algumas estratégias para que você precise comprar uma nova geladeira antes do previsto:

- O uso de componentes com tempo de vida útil menor, além da utilização de materiais de menor resistência pela indústria, torna o produto mais frágil e, portanto, mais suscetível ao defeito. Há, também, a dificuldade ou a inviabilidade de consertar os componentes com defeito, pois normalmente aqueles que necessitam de substituição apresentam um preço muito elevado ou, ainda, a peça de que você precisa não é mais fabricada. Nesse sentido, é economicamente mais vantajoso você descartar sua geladeira e adquirir uma nova.
- Quando a primeira estratégia não é suficiente para que você se desfaça de sua geladeira, entra em cena a criação de necessidades. Por exemplo, sua geladeira, apesar de ainda funcionar e ser útil no armazenamento e refrigeração dos alimentos, apresenta o incômodo de acumular muito gelo, de forma que você precisa, a cada 15 dias, fazer o descongelamento dela para permitir um fechamento adequado da porta do congelador. Desse modo, parece uma atitude inteligente descartar seu equipamento atual e adquirir um novo com a tecnologia que evita o acúmulo de gelo – que possivelmente você viu em um anúncio na internet. Outra possibilidade seria você ser incentivado a trocar sua geladeira pelo fato de que, por exemplo, a cor dela já está ultrapassada: uma geladeira marrom é o indício de que você está "ultrapassado", pois agora são fabricados apenas equipamentos na cor branca ou com acabamento em inox.

Perceba que nessas situações você chega à conclusão de que comprar um equipamento novo é a melhor alternativa. Esse fenômeno de repetido incentivo ao descarte e ao consumo teve início na década de 1920 e ficou conhecido como *obsolescência programada*. Para Assumpção (2017), existem pelo menos três fatores para diminuir o tempo de vida de produtos e levar as pessoas a consumirem:

1. lançamento de produtos com a mesma funcionalidade, mas com **aparência nova**, que torna os anteriores ultrapassados;
2. **impossibilidade/inviabilidade de consertar** produtos com defeito;
3. **tecnologia do equipamento ultrapassada**, causando lentidão e, até mesmo, impossibilidade de uso, como é o caso de alguns eletroeletrônicos.

A pressão exercida para o descarte e o consumo tem reflexo direto nas políticas de redução, reutilização (reuso) e reciclagem. A Figura 1.4 ilustra bem esse contexto, no qual o desenvolvimento de alternativas para lidar com o descarte não acompanha o ritmo frenético do lançamento de novos produtos, tornando o acúmulo inevitável.

Figura 1.4 – Acúmulo de lixo eletrônico

Sittirak Jadlit/Shutterstock

Explorando novas matérias-primas

Para conhecer mais a respeito da obsolescência programada, indicamos o documentário espanhol intitulado *A obsolescência programada* (*The Light Bulb Conspiracy*), lançado em 2010.
Na obra, são discutidas as estratégias que incentivam as pessoas a descartar e consumir novos produtos a velocidades cada vez

maiores. O filme mostra casos emblemáticos, como a drástica redução no tempo de vida das lâmpadas, por parte das indústrias, para obrigar os consumidores a comprarem outras novas com maior frequência.

A OBSOLESCÊNCIA programada. Direção: Cosima Dannoritzer. Espanha: TVE/Arte, 2010. 53 min.

Esse é um ciclo que precisa ser quebrado, a fim de permitir a sobrevivência da espécie humana com o mínimo de qualidade de vida. Uma das soluções apontadas como mais efetivas para minimizar a problemática relacionada ao descarte é a mudança na conduta perante o consumo. É necessária uma transformação que permita o acesso às informações, tornando os consumidores cientes dos impactos ambiental, social e econômico que causam ao adquirir bens e serviços (Costa; Teodósio, 2011). Dessa maneira, as concepções a respeito do descarte de materiais poderão ser também revistas, possibilitando menores impactos ambientais e um maior reaproveitamento de materiais.

A redução e a reutilização (reuso) de materiais são as medidas mais eficazes do ponto de vista ambiental, já que dispendem menores custos com energia, evitam o consumo de novos recursos naturais e minimizam a geração de novos resíduos. Entretanto, considerando a perspectiva atual no descarte de materiais e a crescente produção de resíduos, a reciclagem é uma boa alternativa para minimizar a pressão sobre o ambiente, transformando materiais que seriam descartados em novos produtos reinseridos na economia (Hoornweg; Bhada-Tata, 2012).

Reprocessando as informações coletadas

A geração de resíduos nas atividades humanas é inevitável, mas nem sempre a presença desses materiais foi vista como um problema. O esquema a seguir sintetiza essa evolução, a qual apresentamos neste capítulo:

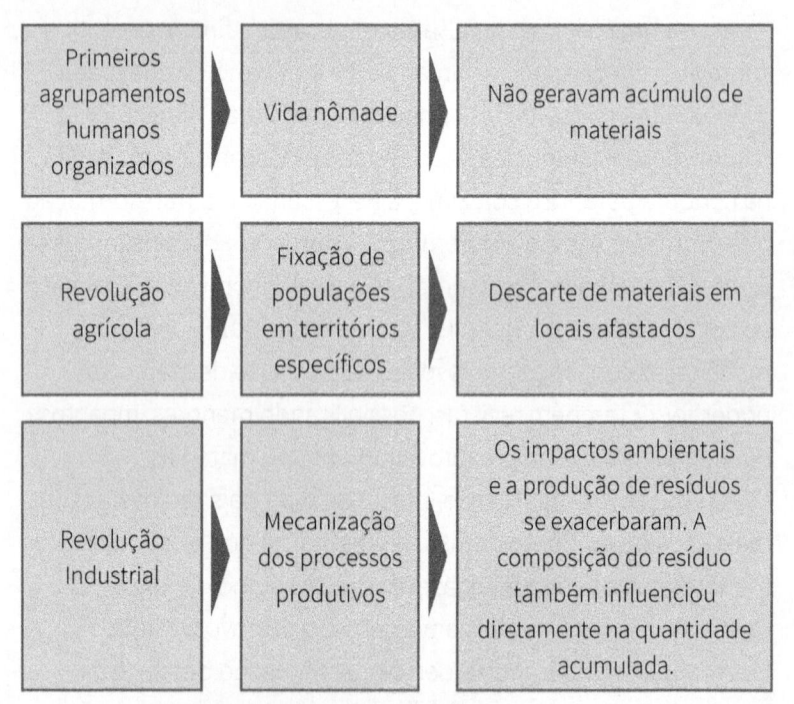

Primeiros agrupamentos humanos organizados	Vida nômade	Não geravam acúmulo de materiais
Revolução agrícola	Fixação de populações em territórios específicos	Descarte de materiais em locais afastados
Revolução Industrial	Mecanização dos processos produtivos	Os impactos ambientais e a produção de resíduos se exacerbaram. A composição do resíduo também influenciou diretamente na quantidade acumulada.

Desde a Revolução Industrial, o homem é continuamente incentivado a descartar e consumir novos bens, agravando significativamente a questão da disposição final do que é "jogado fora". A aplicação de medidas como a redução, a reutilização (reuso) e a reciclagem é urgente para a minimização de problemas socioambientais resultantes do descarte.

Triagem de conhecimentos

1. A relação humana com o descarte de materiais se modificou à medida que a organização da sociedade também foi sofrendo mudanças, desde as primeiras civilizações. A respeito dessa temática, indique a alternativa correta:

   a) A vida nômade gerou grandes impactos ambientais e foi a forma de organização humana que mais gerou resíduos.

   b) O desenvolvimento da agricultura não alterou significativamente a questão do descarte, já que não foram produzidos resíduos no período.

   c) Atualmente, já é possível propor processos produtivos que não gerem resíduos de nenhum tipo.

   d) O acúmulo de materiais descartados passou a ser um problema depois da fixação do ser humano em territórios.

   e) O desenvolvimento inicial da agricultura gerou grandes impactos ambientais e foi o momento em que a humanidade mais gerou resíduos.

2. Sobre a relação entre a Revolução Industrial e as questões ambientais, analise as assertivas a seguir:

   I. A Revolução Industrial foi o início de uma intensiva exploração de recursos naturais e de aumento na contaminação do ambiente.

II. No período da Revolução Industrial, com a mecanização dos processos produtivos, observou-se um declínio na exploração de recursos naturais.

III. O período da Revolução Industrial apresentou um elevado desenvolvimento de produtos e deu origem à sociedade do consumo.

A seguir, assinale a alternativa que apresenta todas as assertivas corretas:

a) I, II e III.
b) I.
c) I e III.
d) I e II.
e) III.

3. O consumo de bens e serviços é, em grande parte, influenciado por estratégias de *marketing* de empresas, com o objetivo de manter ativa a economia e a atual organização social. Sob essa ótica, indique, entre as alternativas que seguem, aquela que apresenta uma estratégia adotada pelas empresas para fazer a sociedade consumir mais produtos.

a) Diminuir a intensidade de lançamentos de novos produtos, para que o consumidor tenha a oportunidade de comprar o produto em evidência no momento.
b) Aumentar a disponibilidade de assistência técnica, possibilitando a substituição de componentes em eletroeletrônicos.

c) Lançar produtos com a mesma funcionalidade e com a mesma aparência, evitando que os modelos anteriores fiquem ultrapassados.
d) Tornar a tecnologia de equipamentos ultrapassada, causando lentidão e até mesmo impossibilidade de uso.
e) Todas as alternativas anteriores estão corretas.

4. Analise as assertivas a seguir a respeito da relação humana com o descarte e indique se são verdadeiras (V) ou falsas (F):
( ) O uso sem critério dos recursos naturais e a ausência de um pensamento voltado para a minimização de resíduos sólidos criaram um contexto de baixo acúmulo de materiais.
( ) O sentimento de repulsa pelo lixo pode ter sido influenciado pela forma como o organismo humano reage aos estímulos olfativos, em resposta aos odores fortes resultantes da decomposição de resíduos orgânicos
( ) No período pré-histórico, o lixo era queimado e, em seguida, separado entre ossos e cinzas e destinado em locais específicos, refletindo a dificuldade de conviver com restos que apresentam mau odorNo período pré-histórico, o lixo era um grande problema ao ser humano, pois o material descartado apresentava elevada complexidade e era gerado em grandes quantidades.
( ) A mudança na forma de vida humana, com o desenvolvimento das técnicas agrícolas, teve pouca influência na geração e no acúmulo de resíduos em comparação com a pré-história, pois o ser humano queimava o lixo produzido.

Agora, assinale a alternativa que corresponde corretamente à sequência obtida, de cima para baixo:

a) F, V, V, V, F.
b) F, V, V, F, F.
c) V, V, V, V, V.
d) F, F, F, F, F.
e) F, V, V, F, V.

5. A respeito da obsolescência programada, analise as assertivas a seguir:

   I. Teve início aproximadamente na década de 1920 e tem como característica principal o repetido incentivo ao descarte e ao consumo.
   II. Resulta na estratégia principal de reduzir o tempo de vida útil de produtos, por inviabilidade técnica ou por criação de novas necessidades de consumo.
   III. Não podemos afirmar que a obsolescência programada contribui para o aumento do descarte, pois esse fenômeno incentiva a redução de consumo de produtos.

   A seguir, assinale a alternativa que apresenta todas as assertivas corretas:

   a) I, II e III.
   b) I.
   c) I e III.
   d) I e II.
   e) III.

Aplicação dos recursos adquiridos

Questões para reflexão

1. Destinar resíduos em lixões é uma das práticas mais nocivas para a contaminação do ambiente. Sabendo disso, pesquise e leia reportagens recentes a respeito do tema e registre suas conclusões a esse respeito. Há motivos de preocupação no Brasil com a questão dos lixões? Se sim, quais são esses motivos? As notícias destacam os aspectos positivos ou negativos da prática de destinação em lixões? Cite alguns desses aspectos.

2. Pensando a respeito de seus hábitos de consumo, liste os três últimos equipamentos eletroeletrônicos que você comprou e registre alguns dados sobre cada um deles. Você comprou esses equipamentos para substituir algum que apresentou defeito? O que influenciou sua escolha: preço, qualidade ou marca? Qual foi a destinação para os aparelhos eletrônicos que foram substituídos?

Atividade aplicada: prática

1. A composição dos materiais descartados varia de acordo com alguns fatores, como a situação econômica de uma região, a localização geográfica, os aspectos culturais e as fontes de energia utilizadas. Por isso, é importante conhecer a composição daquilo que você e sua família descartam. Monitore a quantidade de resíduos gerados em sua casa

ao longo de uma semana, registrando diariamente a proporção entre resíduos orgânicos (cascas e restos de alimentos, por exemplo) e resíduos secos (como embalagens e papéis de escritório). Caso você tenha uma balança à disposição, utilize-a para aferir a quantidade, em quilogramas, de cada um dos dois tipos de resíduos. Caso não disponha de uma, adote uma unidade própria. Você pode utilizar, por exemplo, dois baldes de mesmo tamanho para verificar a proporção entre os dois tipos de resíduos. Ao realizar a verificação, compare seus resultados com os de outras pessoas: Qual tipo de resíduo é gerado em maior quantidade em sua casa? Quais materiais entre os resíduos secos são os mais comuns? Como sua família descarta cada um dos dois tipos de materiais? Considerando a quantidade de materiais produzidos, como é possível reduzir a geração de resíduos em sua casa?

Capítulo 2

Concepções sobre resíduos sólidos e cenário atual da reciclagem

Lixo e *resíduo* são dois termos bastante utilizados quando se faz referência aos materiais descartados, mas será que eles são sinônimos? Essa é a primeira questão a ser discutida neste capítulo. Em acréscimo, apresentaremos as boas práticas na gestão dos resíduos sólidos e demonstraremos como elas evoluíram partindo de duas visões relacionadas ao descarte: a remediação e a redução. Entre as ferramentas disponíveis para as boas práticas, destacamos a avaliação do ciclo de vida (ACV) de produtos para a redução de impactos ambientais em processos produtivos. Por fim, abordaremos a importância da Política Nacional de Resíduos Sólidos (PNRS) e como a reciclagem pode contribuir para a efetividade na redução da disposição final de resíduos sólidos.

Ciclo de vida: Embalagem → Distribuição → Uso → Disposição final → Materiais → Fabricação

VasutinSergey/Shutterstock

2.1 Uma distinção necessária entre os materiais descartados

Uma dúvida levantada já no primeiro capítulo foi a diferença entre *lixo*, *resíduo* e *rejeito*. Podemos considerá-los sinônimos ou há diferenças entre eles?

Cada um desses termos refere-se a um tipo de destinação dada àquilo que é descartado. A ideia inerente ao termo *lixo* é a disposição final iminente, ou seja, normalmente essa palavra designa algo que não tem mais serventia, que chegou ao fim de sua vida útil.

Essa é uma das primeiras formas de encarar o descarte, considerando que se trata de de algo sem alternativas a não ser a destinação final.

O termo *resíduo* refere-se à concepção de que algum produto ou material chegou ao fim de sua vida útil, mas que pode ter serventia para outros processos.

Segundo essa ideia, é possível entender que o material tem possibilidades de ser reincorporado a outros processos e que tem valor econômico agregado (Mancini; Ferraz; Bizzo, 2012).

Por fim, o termo *rejeito* está relacionado a um material que, após ser avaliado quanto a sua utilidade (resíduo), não conta com tecnologia disponível para reaproveitamento ou reciclagem (Brasil, 2010).

Roman Zaiets/Shutterstock

A legislação brasileira, por meio da Lei n. 12.305, de 2 de agosto de 2010 (a Política Nacional de Resíduos Sólidos – PNRS), não utiliza o termo *lixo*. Isso porque segue a premissa de que a grande maioria dos materiais descartados pode ser utilizada em outros processos produtivos, e aqueles que ainda não apresentam solução tecnológica disponível são qualificados como rejeito. Dessa forma, a lei define, em seu Capítulo II, art. 3º:

> XV – rejeitos: resíduos sólidos que, depois de esgotadas todas as possibilidades de tratamento e recuperação por processos tecnológicos disponíveis e economicamente viáveis, não apresentem outra possibilidade que não a disposição final ambientalmente adequada;
>
> XVI – resíduos sólidos: material, substância, objeto ou bem descartado resultante de atividades humanas em sociedade, a cuja destinação final se procede, se propõe proceder ou se está obrigado a proceder, nos estados sólido ou semissólido,

bem como gases contidos em recipientes e líquidos cujas particularidades tornem inviável o seu lançamento na rede pública de esgotos ou em corpos d'água, ou exijam para isso soluções técnica ou economicamente inviáveis em face da melhor tecnologia disponível; (Brasil, 2010)

Explorando novas matérias-primas

Para você compreender como o reaproveitamento e a reciclagem de materiais deveriam ser praticados no Brasil, é fundamental se dedicar à leitura atenta das diretrizes nacionais. Nesse sentido, indicamos que você se aprofunde no estudo da PNRS (Lei n. 12.305/2010).

BRASIL. Lei n. 12.305, de 2 de agosto de 2010. **Diário Oficial da União**, Poder Legislativo, Brasília, DF, 2 ago. 2010. Disponível em: <http://www.planalto.gov.br/ccivil_03/_ato2007-2010/2010/lei/l12305.htm>. Acesso em: 16 dez. 2020.

2.2 Boas práticas relativas aos resíduos sólidos

Sob a perspectiva das atuais tecnologias no reaproveitamento e na reciclagem de materiais, a tendência é que praticamente todos possam se enquadrar na definição de resíduos.

Contudo, de acordo com Mancini, Ferraz e Bizzo (2012), diariamente grandes quantidades de resíduos são destinadas como lixo, em razão de fatores como:

- falta de conhecimento, por parte dos geradores, a respeito do grande valor agregado ao material descartado;
- comodidade em apenas dar um fim no material, sem a preocupação de buscar alguma alternativa ambientalmente mais adequada;
- carência de sistemas que permitam uma coleta de materiais que contribua com o processo de reutilização (reuso) e reciclagem.

Os impactos provocados, segundo os mesmos autores, evidenciam a necessidade de um melhor gerenciamento de materiais, privilegiando a reutilização (reuso) ou a reciclagem. Os três principais impactos são: a intensa exploração de recursos naturais, comprometendo a disponibilidade futura; a necessidade de um maior número de coletas, aumentando as emissões gasosas e a demanda por combustíveis; e a necessidade de espaços cada vez maiores para acondicionar o volume de materiais depositados. Grande parte dos materiais que são encaminhados para a etapa da destinação final poderia ser reinserida no ciclo produtivo, por meio da reutilização e da reciclagem, diminuam significativamente a problemática do lixo.

Em razão dos fatos mencionados, há uma pressão, especialmente em países desenvolvidos – que são os maiores geradores de resíduos –, para a adoção de boas práticas de gerenciamento de materiais, de forma a permitir a aplicação de tecnologias que minimizem os impactos ambientais.

De acordo com Baird e Cann (2011), as boas práticas de gerenciamento envolvem a adoção de medidas como:

- **Redução**: Para a realidade das empresas, reduzir o consumo pode estar na diminuição do desperdício ou na aquisição de meios produtivos que utilizem menores quantidades de matérias-primas e de insumos nos processos. Para a sociedade, de modo geral, esse conceito está associado ao repensar das práticas de consumo e a deixar de adquirir bens e serviços desnecessários.
- **Reutilização ou reuso**: Consiste em reduzir a demanda por matérias-primas e insumos pela utilização de materiais que já passaram por um processo produtivo (resíduos), sem que haja a necessidade de novos processamentos para o uso.
- **Reciclagem**: Corresponde areduzir a demanda por matérias-primas e insumos pela utilização de materiais que já passaram por um processo produtivo (resíduos), sendo necessário aplicar processamentos físicos, químicos ou biológicos que permitam a transformação do material descartado em um novo produto.
- **Recuperação***: Refere-se àutilização do conteúdo energético de materiais descartados, especialmente aqueles com

---

* Na literatura da área, não se separa a recuperação em uma categoria específica. Isso porque esse processo está contido na reciclagem, já que envolve a transformação do material para o aproveitamento da sua utilidade na forma de geração de energia. Apresentamos aqui o conceito separadamente para que você conheça essa outra abordagem, mas é importante saber que os consagrados 3 Rs englobam a redução, a reutilização e a reciclagem, somente.

elevado poder calorífico, para permitir a produção de novos produtos. Para Mancini, Ferraz e Bizzo (2012), o conceito de recuperação consiste em evitar a destinação final de um material descartado para propiciar seu aproveitamento, ou seja, recuperam-se materiais para então reutilizá-los ou reciclá-los, diminuindo, assim, o volume daquilo que vai para aterros sanitários.

As boas práticas no gerenciamento de resíduos podem ser aplicadas a praticamente todos os tipos de materiais, incluindo aqueles que apresentam alguma periculosidade associada. Evidentemente, para materiais perigosos, há a necessidade de um maior controle técnico dos processos, para que os riscos de contaminação sejam minimizados. Além disso, conforme prevê a PNRS (Brasil, 2010), é indispensável a observância dos padrões estabelecidos pelo Sistema Nacional do Meio Ambiente (Sisnama), pelo Sistema Nacional de Vigilância Sanitária (SNVS) e pelo Sistema Unificado de Atenção à Sanidade Agropecuária (Suasa) (Baird; Cann, 2011).

Há, também, uma abordagem ainda mais ampla em relação à temática relacionada aos resíduos sólidos. Trata-se da distinção entre **remediação**** e **redução** de resíduos. Apresentamos as principais diferenças na Figura 2.1.

** A bibliografia traduzida em Miller Jr. (2011) utiliza a nomenclatura *gerenciamento* para se referir à minimização de danos, sem se preocupar com as fontes geradoras dos materiais descartados. Entretanto, empregamos o termo *remediação* por ser mais adequado ao contexto abordado pelo autor e para que a palavra *gerenciamento* designe as práticas de gestão dos resíduos sólidos.

Figura 2.1 – Principais diferenças entre as abordagens da remediação e da redução de resíduos sólidos

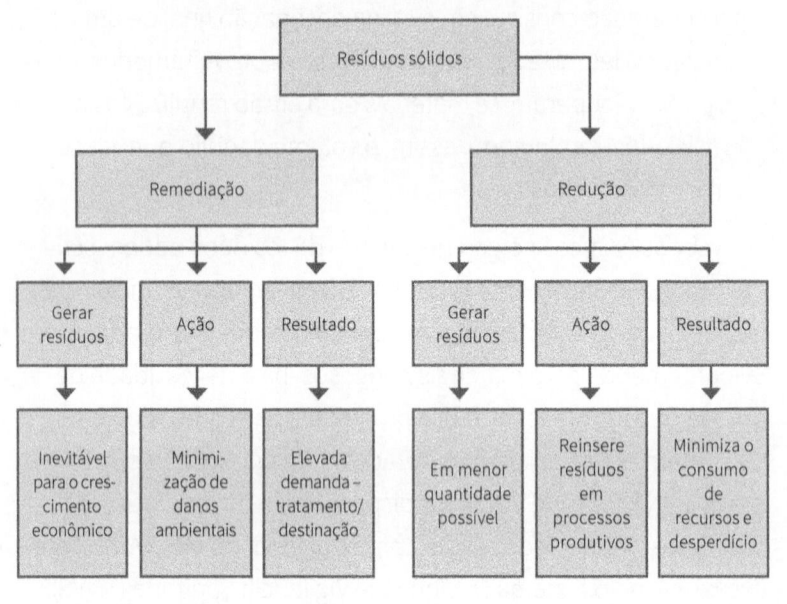

Remediação			Redução		
Gerar resíduos	Ação	Resultado	Gerar resíduos	Ação	Resultado
Inevitável para o crescimento econômico	Minimização de danos ambientais	Elevada demanda – tratamento/ destinação	Em menor quantidade possível	Reinsere resíduos em processos produtivos	Minimiza o consumo de recursos e desperdício

Fonte: Elaborado com base em Miller Jr., 2011.

A abordagem da redução é aquela que resulta em menores impactos ambientais, por considerar a geração de materiais para descarte como algo que deve ser evitado ao máximo. Já a remediação não leva em consideração o processo de que os resíduos resultam, mas visa lidar com o problema conforme ele surge, seja com a destinação final ou até mesmo com a reciclagem. Por isso, conjuntamente ao esforço para a aplicação das técnicas de reciclagem, é fundamental a preocupação com o processo, entendendo todas as suas etapas. Entender os fluxos de insumos e matérias-primas permite pensar nas possibilidades de cada material ao longo das etapas produtivas. A prática da redução se assemelha ao que ocorre com os resíduos na natureza, ou seja, os materiais descartados são inevitáveis, entretanto, eles são incorporados a outros processos biológicos, formando um ciclo entre o que é descartado e o que é reaproveitado (Miller Jr., 2011).

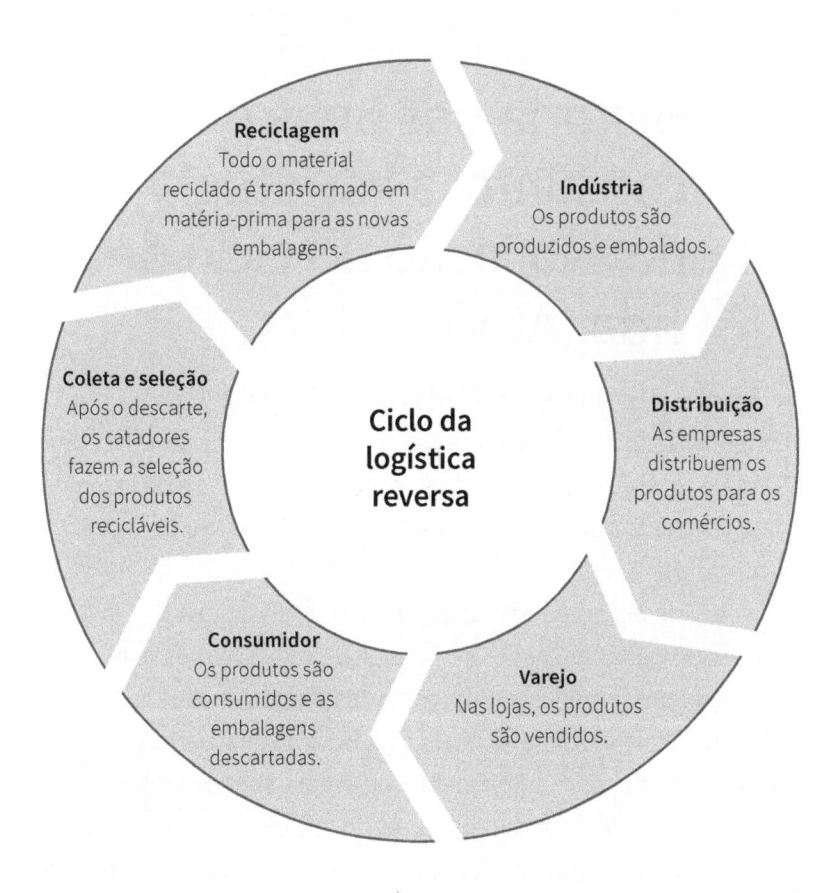

Ciclo da logística reversa

- **Reciclagem**: Todo o material reciclado é transformado em matéria-prima para as novas embalagens.
- **Indústria**: Os produtos são produzidos e embalados.
- **Distribuição**: As empresas distribuem os produtos para os comércios.
- **Varejo**: Nas lojas, os produtos são vendidos.
- **Consumidor**: Os produtos são consumidos e as embalagens descartadas.
- **Coleta e seleção**: Após o descarte, os catadores fazem a seleção dos produtos recicláveis.

Com o desenvolvimento das boas práticas no gerenciamento dos resíduos sólidos associado à definição de prioridades relativas à destinação dos materiais, a avaliação do ciclo de vida (ACV) dos materiais (também conhecida como *análise do berço ao túmulo*) passou a figurar entre as estratégias de minimização do descarte.

2.3 História dos bens de consumo: a estratégia da avaliação do ciclo de vida (ACV)

A redução, conceito apresentado na seção anterior, implica o conhecimento de todas as etapas de um processo produtivo, de forma a compreender a entrada de matérias-primas e de insumos para visualizar oportunidades de minimização de impactos ambientais.

A ACV de produtos é um diagnóstico completo que contempla todas as etapas do processo produtivo, desde a aquisição das matérias-primas até a destinação final de todos os materiais envolvidos na produção. Essa análise permite o dimensionamento dos impactos ambientais, sendo possível estimar o quanto determinado produto influencia nas dinâmicas ambientais com base em seu respectivo processo produtivo (Willers; Rodrigues; Silva, 2013).

A fim de permitir a comparação e o dimensionamento das variáveis envolvidas na ACV, a International Organization for Standardization (ISO) sistematizou a metodologia de avaliação em seu conjunto de normas destinadas aos Sistemas de Gestão Ambiental, a série ISO 14.000. As normas da ISO são publicadas no Brasil pela Associação Brasileira de Normas Técnicas (ABNT) e, especificamente para a ACV, a ISO 14.040 e a ISO 14.044 é que definem os critérios de avaliação.

Para propiciarmos uma visão geral da ACV, apresentamos na Figura 2.2 os aspectos principais abrangidos na análise.

Figura 2.2 – Aspectos principais da ACV de produtos

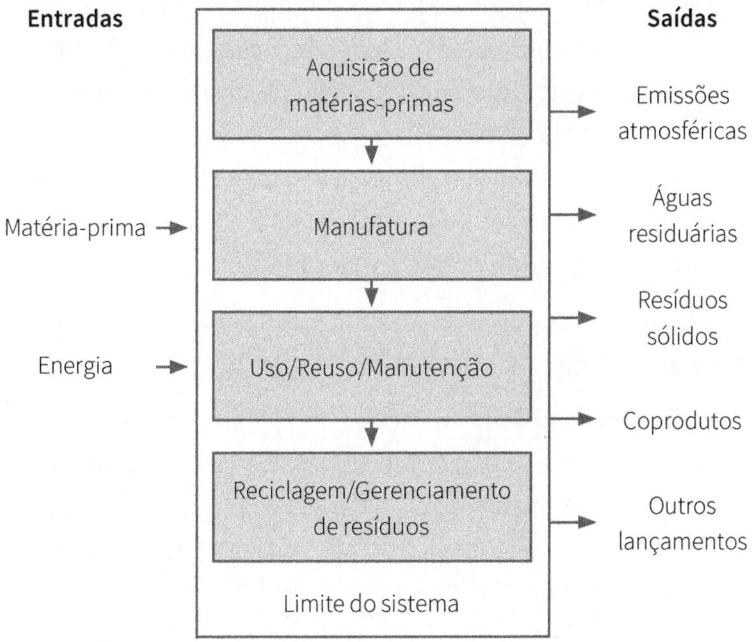

Entradas		Saídas
	Aquisição de matérias-primas	Emissões atmosféricas
Matéria-prima →	Manufatura	Águas residuárias
		Resíduos sólidos
Energia →	Uso/Reuso/Manutenção	Coprodutos
	Reciclagem/Gerenciamento de resíduos	Outros lançamentos
	Limite do sistema	

Fonte: Willers; Rodrigues; Silva, 2013, p. 437.

Observe que, além da etapa final, em que são descartados materiais, há outras fases na produção de bens de consumo em que são utilizados matérias-primas e insumos, gerando resíduos antes mesmo de o produto chegar até os consumidores. Por isso, as políticas de redução do consumo são mais efetivas na minimização de impactos ambientais, já que previnem até mesmo as consequências das etapas iniciais dos processos produtivos.

De acordo com a normativa ISO 14.040 (ISO, 2006), a ACV pode auxiliar a:

- identificar as oportunidades existentes para a melhora na *performance* ambiental de produtos;
- fornecer informações a gestores de empresas, organizações não governamentais e entidades públicas para possibilitar o planejamento estratégico e a definição de prioridades em processos produtivos;
- fortalecer as estratégias de *marketing* pelo apelo ambiental de produtos resultantes de processos apoiados na metodologia e que reduzem os impactos ao meio ambiente.

Para melhor se apropriar dos processos produtivos, a ACV está estruturada, segundo a normativa, em quatro fases:

1. **Definição do objetivo e escopo**: Nessa fase, deve-se determinar os limites e o nível de detalhamento necessários para o conhecimento do ciclo de vida de produtos, desde a aquisição das matérias-primas até o descarte do item após o fim da vida útil.

2. **Análise de inventário**: Na segunda fase da ACV, é realizado um inventário dos dados de entradas e saídas dos processos. São obtidas informações importantes para o estabelecimento de metas para o estudo definido na fase anterior.

3. **Avaliação de impacto**: Nessa etapa, são obtidas informações adicionais com base no inventário elaborado na segunda fase. Nesse momento, é possível detectar o quanto determinado produto pode impactar o meio ambiente.

ITisha/Shutterstock

4. **Interpretação**: Com base nos resultados das fases anteriores, pode-se traçar um diagnóstico a respeito das fragilidades de cada etapa do processo e, a partir disso, propor novos métodos e/ou a substituição de matérias-primas e insumos.

Basicamente, a aplicação da metodologia da ACV possibilita duas visões principais a respeito dos bens de consumo.

A primeira delas se refere à oportunidade para a minimização dos danos ambientais, com a identificação das alternativas em cada etapa produtiva. A segunda visão obtida com a ACV é a da comparação entre produtos, uma vez que bens de consumo aparentemente semelhantes podem apresentar ciclos de vida bastante distintos; assim, ao tomar conhecimento dos aspectos produtivos, é possível escolher produtos de melhor *performance* ambiental (Baird; Cann, 2011).

Atenção a estas informações!

Quando você precisa adquirir um produto, naturalmente compara várias informações a respeito dele para realizar uma compra que atenda à maior parte de suas expectativas, sejam relativas à estética do produto, sejam relativas a aspectos como preço, qualidade, representatividade da marca etc. Contudo, algumas informações, como aquelas relacionadas aos impactos ambientais causados no processo produtivo, não são claras, o que contribui para que aqueles mais nocivos continuem a ser praticados. eis aí a importância da ACV para as relações de consumo; não obstante, ela permanece praticamente desconhecida. Sobre isso, reflita: Você tem acesso às informações do processo produtivo, fornecidas pelo fabricante, de quantos produtos? Essas informações são claras e suficientes para embasar suas escolhas de consumo?

Para clarificar o que significa aplicar a ACV em processos produtivos recorreremos ao exemplo de Baird e Cann (2011), relacionado à produção de automóveis. A Figura 2.3 esquematiza as etapas gerais mais importantes do processo produtivo de veículos automotores:

Figura 2.3 – Esquema geral do processo produtivo de veículos automotores, considerando as entradas e as saídas

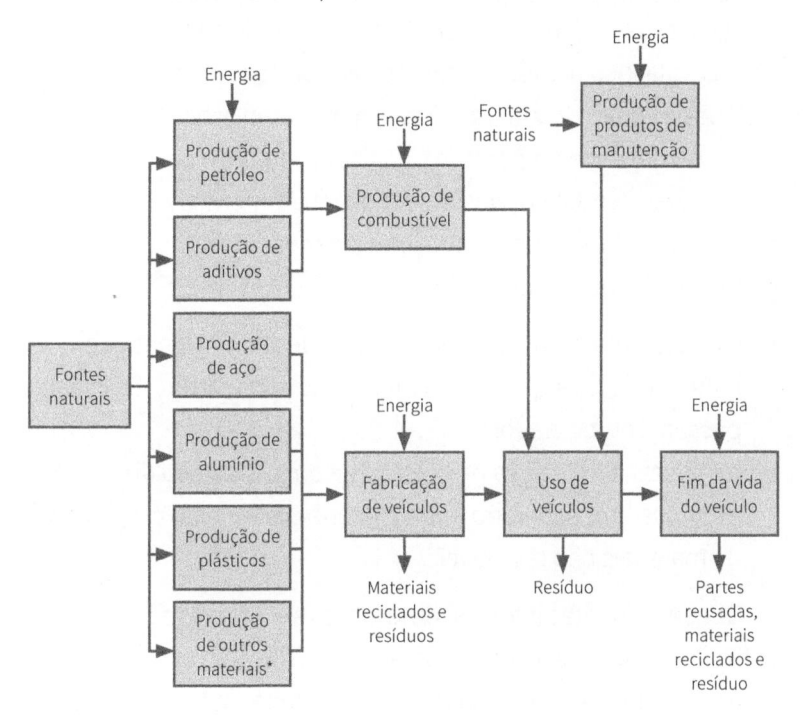

* Por exemplo, borracha, chumbo, vidro, tintas e soluções refrigerantes.

Fonte: Baird; Cann, 2011, p. 756.

Ao implementar a ACV, os objetivos envolvem a redução da poluição sem que a viabilidade econômica seja ameaçada. O esquema apresentado na Figura 2.3 nos leva a refletir sobre o impacto que a produção de carros mais econômicos pode causar nas questões ambientais. Ser um veículo leve é uma das características técnicas necessárias para que os carros sejam mais econômicos, e para atingir essa necessidade, as indústrias automotivas costumam priorizar a utilização de peças em plástico, especialmente na região interna. Conforme mostra a figura, o plástico provém de fontes naturais (petróleo) e gera resíduos a serem destinados. Esses materiais plásticos são de difícil reciclagem e aumentam significativamente o descarte do processo produtivo. Nesse sentido, duas alternativas para produzir um carro econômico e que, ao mesmo tempo, tenha impactos diminutos, são:

- substituir matéria-prima buscando o desenvolvimento de materiais leves e que gerem menos resíduos ou que, ao menos, possam ser reciclados;
- minimizar a utilização de plásticos, com a intenção de promover um equilíbrio entre a economia veicular e a geração de materiais não recicláveis.

Observe quantas informações podem ser obtidas ao se ao aplicar uma ACV, neste caso bastante simplificada, para fins didáticos. Obviamente, essa avaliação é muito mais complexa e detalhada. Lembre-se de que o nível de detalhes é definido com base em cada finalidade e, por isso, na maioria das vezes, é necessário realizar cálculos importantes para a compreensão dos impactos do processo, tais como o volume de água utilizado, as emissões atmosféricas com transportes, o volume de efluente a ser tratado etc. O que mais importante é que essa análise pode apontar o aumento ou a diminuição dos potenciais impactos ambientais quando a gestão opta por determinados insumos e matérias-primas.

Aqui convém fazer um alerta sobre os esforços para a minimização dos impactos ambientais: é preciso ser bastante criterioso, pois nem sempre a reciclagem é benéfica do ponto de vista ambiental, podendo, ate mesmo, ser mais danosa do que os processos produtivos que originaram o material descartado. Nesse contexto, entender a ACV pode fazer a diferença entre uma solução ambientalmente adequada e um aumento significativo nos danos sobre o meio ambiente.

Explorando novas matérias-primas

Você sabia que até a água e a energia utilizadas no banho podem ser contabilizados em uma ACV de sabonetes cosméticos? Perceba que ao propor essa avaliação, é possível delimitar, na primeira fase, o nível de detalhamento desejado, dependendo da finalidade do estudo. Sobre essa temática, indicamos a leitura da dissertação de mestrado intitulada "Comparação do desempenho ambiental de dois sabonetes cosméticos utilizando a técnica da ACV". Note que a autora utiliza a segunda visão da ACV ao realizar a comparação dos impactos ambientais entre o ciclo de vida de sabonetes em barra e o de sabonetes líquidos.

ROMEU, C. C. **Comparação do desempenho ambiental de dois sabonetes cosméticos utilizando a técnica da ACV**. 141 f. Dissertação (Mestrado em Ciência) – Escola Politécnica da Universidade de São Paulo, São Paulo, 2013. Disponível em: <https://www.teses.usp.br/teses/disponiveis/3/3137/tde-26062014-155702/publico/Dissertacao_Clarissa_Romeu.pdf>. Acesso em: 16 dez. 2020.

Ao ler os primeiros capítulos desta obra, você pode estar se perguntando: Como pode um livro sobre reciclagem afirmar que a reciclagem nem sempre é benéfica? Esse pensamento crítico-reflexivo é essencial para que a gestão dos materiais descartados seja mais efetiva e para que o objetivo seja, de fato, a minimização dos danos ambientais. Dessa forma, é imperioso conhecer os processos produtivos e cada material a ser descartado, a fim de se buscar soluções mais adequadas. Dependendo do material e do contexto produtivo, nem sempre a reciclagem é a melhor solução. Por essa razão, a avaliação de todas as variáveis do ciclo de vida dos produtos aponta a alternativa técnica mais viável (do ponto de vista ambiental, social e econômico) quando um produto chega ao fim de sua vida útil. Considerar tais aspectos é fundamental para minimizar os efeitos negativos nos sistemas para a disposição final de resíduos sólidos, especialmente preocupante no Brasil.

2.4 Política Nacional de Resíduos Sólidos e panorama do descarte e da reciclagem

A promulgação da Lei n. 12.305, de 2 de agosto de 2010, a PNRS (Brasil, 2010), foi um marco para as questões relacionadas à reciclagem, ao estabelecer a importância de viabilizar o reaproveitamento de materiais descartados. A estratégia era minimizar o envio de resíduos para a destinação final, possibilitando a reinserção destes em novos processos produtivos. Nesse sentido, a gestão integrada de resíduos sólidos e a logística reversa são duas ferramentas valiosas retratadas na lei, as quais permitem o reaproveitamento ou a reciclagem de materiais minorando a destinação final. Sob essa ótica, o artigo 3º da PNRS (Brasil, 2010) define:

> XI – gestão integrada de resíduos sólidos: conjunto de ações voltadas para a busca de soluções para os resíduos sólidos, de forma a considerar as dimensões política, econômica, ambiental, cultural e social, com controle social e sob a premissa do desenvolvimento sustentável;

> XII – logística reversa: instrumento de desenvolvimento econômico e social caracterizado por um conjunto de ações, procedimentos e meios destinados a viabilizar a coleta e a restituição dos resíduos sólidos ao setor empresarial, para reaproveitamento, em seu ciclo ou em outros ciclos produtivos, ou outra destinação final ambientalmente adequada;

A promulgação dessa lei foi um marco para o tratamento da temática dos resíduos sólidos, ao propor ferramentas como a logística reversa e a gestão integrada. É válido salientar que as diretrizes constantes nessa normativa chamam a atenção para o uso dessas ferramentas em uma concepção de **responsabilidade compartilhada**. Tal forma de pensar a questão dos resíduos considera que as responsabilidades sobre o ciclo de vida dos produtos são a soma de atribuições individuais de empresas, transportadoras, comerciantes, consumidores, governo etc. e que estão interligadas (Silva; Pimenta; Campos, 2013). Isso significa que, ao adquirir um produto, a pessoa compartilha com as empresas e com o governo as responsabilidades pela geração e pelo descarte de materiais. Obviamente, a responsabilidade (especificada na PNRS) é proporcional a cada uma das instâncias que participam do ciclo de vida do produto, recaindo sobre o fabricante maiores atribuições quanto ao gerenciamento dos materiais descartados (Brasil, 2010).

Considerando que a logística reversa e a gestão integrada são instrumentos para atingir os objetivos propostos na PNRS, são fundamentais a implementação e o incentivo para que sejam efetivados. Observa-se, inclusive, uma mudança na visão de muitos empreendimentos a respeito dessas ferramentas: vistas inicialmente como custos adicionais aos processos, passaram a integrar o escopo das práticas estratégicas para o aumento de competitividade. Dessa forma, o conhecimento a respeito da temática gera interesse para além dos aspectos estritamente relacionados à minimização de impactos ambientais (Chaves; Balista; Comper, 2019).

Explorando novas matérias-primas

Um dos programas de maior destaque no país para a logística reversa é proposto pelo Instituto Nacional de Processamento de Embalagens Vazias (inpEV). Criado por empresas que produzem agrotóxicos***, o inpEV é uma entidade sem fins lucrativos

---

*** Há muita discussão a respeito de qual seria o termo correto para designar os compostos químicos sintéticos empregados em atividades agrícolas, com a finalidade de eliminar as pragas que acometem as plantações. Considerando os aspectos ecotoxicológicos associados a essas substâncias e a nomenclatura adotada na legislação, especialmente a Lei n. 7.802, de 11 de julho de 1989 (Brasil, 1989), optamos por utilizar o termo *agrotóxico*.

que visa realizar a destinação final de embalagens vazias de agrotóxicos mas adequada no que se refere às questões ambientais. Estimativas do ano de 2018 indicavam que 93% das embalagens de agrotóxicos foram destinadas corretamente no país. Aqui convém destacar que essa porcentagem se refere apenas aos agrotóxicos adquiridos de forma legal, com emissão de nota fiscal, já que a destinação é feita apenas em estabelecimentos indicados em nota.

O desafio para a destinação desse tipo de material não é uma conta simples de resolver, já que o contrabando e a aquisição ilegal dessas substâncias resultam em grandes volumes de embalagens vazias descartadas incorretamente no ambiente. De qualquer maneira, as diretrizes de logística reversa implementadas pelo inpEV, as orientações técnicas aos produtores rurais e as campanhas de sensibilização adotadas nos fornecem alguns exemplos de como é possível viabilizar fluxos reversos para os materiais, permitindo um melhor reaproveitamento ou reciclagem daquilo que é descartado.

INPEV – Instituto Nacional de Processamento de Embalagens Vazias. **Relatório de Sustentabilidade 2018**. Disponível em: <https://inpev.org.br/relatorio-sustentabilidade/2018/pt/download/InPev_RA2018.pdf>. Acesso em: 7 jan. 2021.

De fato, implementar a logística reversa e a gestão integrada de resíduos sólidos agrega maior valor ao material descartado, incentivando, assim, a minimização do descarte, por meio da reciclagem, por exemplo. Para se ter a real dimensão da necessidade da implementação dessas ferramentas, nesta obra destacaremos o panorama da reciclagem.

O panorama mais recente sobre resíduos sólidos e a reciclagem no Brasil foi elaborado com dados referentes ao ano de 2018 pela Associação Brasileira de Empresas de Limpeza Pública e Resíduos Especiais (Abrelpe).

No referido ano, foram gerados 79 milhões de toneladas de resíduos, correspondendo a pouco mais de 1 kg produzido por pessoa diariamente (totalizando 380 kg/ano para cada habitante do país).

2018 no Brasil → 79 milhões de toneladas de resíduos → Mais de 1 Kg por pessoa a cada dia → 380 kg por ano por pessoa

Com relação à coleta desses materiais, registrou-se um atendimento de 92%, expondo a população a 6,3 milhões de toneladas de materiais não recolhidos junto aos locais de geração. Os dados relativos à destinação final são preocupantes, pois apenas 59,5% de todo o material descartado (43,3 milhões de toneladas) foi destinado em aterros sanitários, ou seja, em locais com estrutura de engenharia para a mitigação de impactos ambientais. A porcentagem restante do material, 40,5% (29,5 milhões de toneladas), foi destinada em lixões, responsáveis por expor o meio ambiente e a saúde pública a diversos riscos (Abrelpe, 2019).

As Figuras 2.4 e 2.5 ilustram, respectivamente, quão prejudicial destinar materiais em lixões e como as estruturas de um aterro sanitário permitem um maior controle dos danos ambientais.

Figura 2.4 – Disposição de resíduos sólidos em lixão a céu aberto

yevgeniy11/Shutterstock

Figura 2.5 – Disposição de resíduos em aterro sanitário

ImagineStock/Shutterstock

Quando se faz menção à quantidade total de resíduos sólidos gerados no país, desconsidera-se uma questão de relevo: a dimensão continental brasileira. Dessa forma, é necessário observar o padrão regional para a geração dos resíduos, pois em razão das particularidades sociais, econômicas, geográficas e ambientais, há diferentes contribuições ao montante total de 79 milhões de toneladas de resíduos em 2018. A Figura 2.6 apresenta o percentual de contribuição de cada região brasileira na quantidade total de resíduos sólidos nos anos de 2017 e 2018.

Figura 2.6 – Contribuição regional para a geração de resíduos sólidos no Brasil em 2017 e 2018

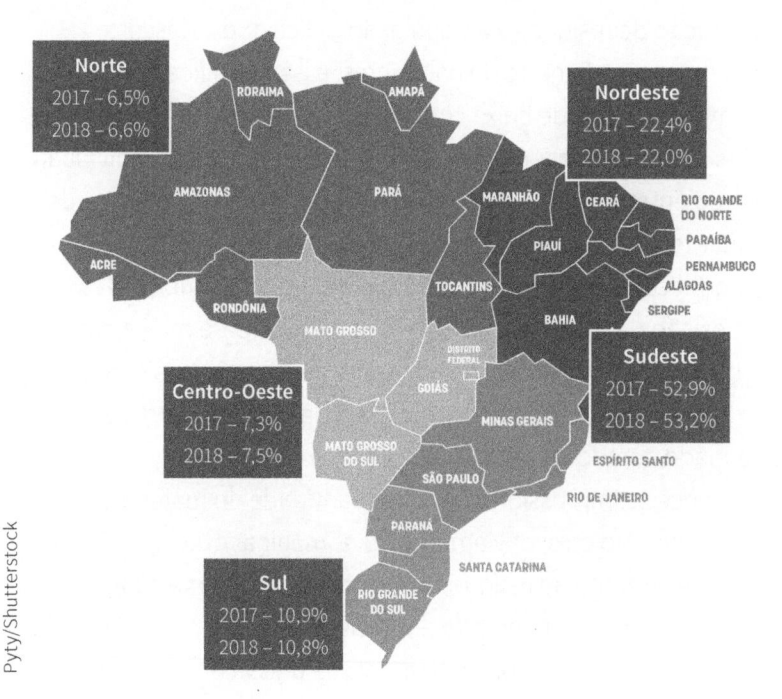

Norte
2017 – 6,5%
2018 – 6,6%

Nordeste
2017 – 22,4%
2018 – 22,0%

Centro-Oeste
2017 – 7,3%
2018 – 7,5%

Sudeste
2017 – 52,9%
2018 – 53,2%

Sul
2017 – 10,9%
2018 – 10,8%

Pyty/Shutterstock

Fonte: Abrelpe, 2019, p. 13.

É notório que a maior contribuição na geração de resíduos sólidos em 2018 (53,2%) foi da Região Sudeste. Examinando o *ranking* do descarte de materiais, temos, em ordem decrescente, as regiões Sudeste, Nordeste, Sul, Centro-Oeste e Norte. Paralelamente, se compararmos os dados populacionais divulgados pelo Instituto Brasileiro de Geografia e Estatística (IBGE, 2020)****, essa ordem se mantém, sendo a Sudeste a mais

---

**** Afirmação baseada em pesquisa aos dados do Censo Demográfico de 2010.

populosa do país e havendo a exceção de a Região Norte ser mais populosa que a Centro-Oeste. Essa relação entre a contribuição na geração de resíduos e a população indica que o descarte aumenta com o número de habitantes, e isso significa que mesmo as regiões de baixa contribuição devem se empenhar em ações para minimizar o descarte, já que a contribuição individual (divisão entre a quantidade de resíduos gerados pelo número de habitantes) é muito semelhante entre as regiões.

Conhecer as diferentes contribuições regionais subsidia a proposição de políticas públicas mais efetivas para minimizar a problemática do descarte de materiais, seja no dimensionamento das ações de educação ambiental, seja da infraestrutura para o adequado gerenciamento.

Se você se impressionou com a quantidade de materiais descartados no país, obviamente deve imaginar que o reaproveitamento de resíduos, especialmente por meio da reciclagem, apresenta grande potencialidade para a mitigação de impactos. De fato, a oportunidade para a utilização dos materiais coletados em outros processos traria inúmeros benefícios; entretanto, os dados relativos à reciclagem no país estão distantes do nível satisfatório. Em um levantamento realizado pela Abrelpe (2019), com base em informações prestadas por 260 organizações de catadores em todo o país, foi constatado que, apesar de um aumento significativo entre 2013 e 2018, a quantidade de materiais reciclados ainda é muito baixa em comparação com o valor total de resíduos gerados no país. Foram recuperadas 116 mil toneladas de materiais descartados no Brasil, dos quais 67 mil foram coletados pelas cooperativas de catadores.

O Gráfico 2.1 indica a composição dos materiais recicláveis coletados pelas cooperativas nos anos de 2017 e 2018.

Gráfico 2.1 – Composição dos materiais recicláveis coletados nos anos de 2017 e 2018 por cooperativas de catadores

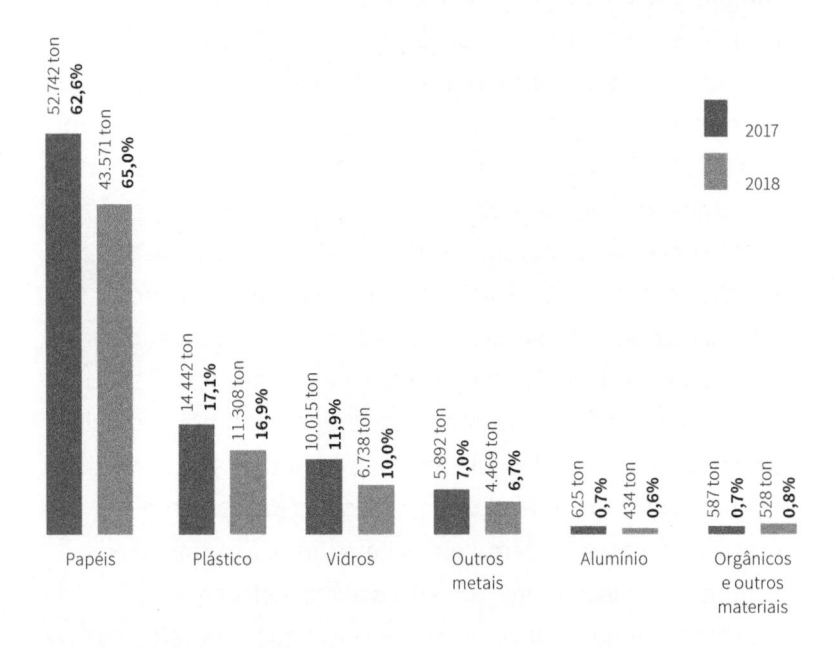

Material	2017	2018
Papéis	52.742 ton / 62,6%	43.571 ton / 65,0%
Plástico	14.442 ton / 17,1%	11.308 ton / 16,9%
Vidros	10.015 ton / 11,9%	6.738 ton / 10,0%
Outros metais	5.892 ton / 7,0%	4.469 ton / 6,7%
Alumínio	625 ton / 0,7%	434 ton / 0,6%
Orgânicos e outros materiais	587 ton / 0,7%	528 ton / 0,8%

Fonte: Abrelpe, 2019, p. 56.

A predominância dos papéis entre os materiais recicláveis coletados é indiscutível, representando 65% do total no ano de 2018. Informações como essas convidam à reflexão não só sobre o tamanho do desafio para minimizar o envio de resíduos para a destinação final, mas também a respeito das potencialidades do setor de reciclagem nos próximos anos.

Por fim, cabe sublinharmos o fato de os objetivos propostos em 2010 na PNRS ainda estarem distantes de serem atingidos. Basta analisarmos a questão da destinação final que comentamos nesta seção, pois mesmo após mais de dez anos da promulgação da lei, grande parte dos resíduos ainda é destinada em lixões espalhados pelo país. Esse aspecto afeta diretamente as diretrizes para o reaproveitamento e a reciclagem de materiais, já que o valor agregado de materiais destinados incorretamente sofre drástica redução, sem mencionar todos os impactos socioambientais envolvidos.

Conhecer esse panorama contribui para a efetividade das práticas de reutilização e reciclagem de materiais, além de favorecer o poder de escolha pelo método mais adequado para reduzir a quantidade do que vai para a destinação final. Tendo em mente as variáveis envolvidas nos processos produtivos, além da contextualização proposta até aqui, é possível adotar medidas para uma gestão mais efetiva. Se a escolha tecnicamente embasada for a reciclagem, será necessário se aprofundar nos mecanismos que permitem que ela ocorra, bem como nos métodos atualmente disponíveis – assunto que abordaremos nos próximos capítulos.

Reprocessando as informações coletadas

Iniciamos este capítulo explicitando que, apesar de serem utilizados como sinônimos, os termos *lixo* e *resíduo* apresentam diferenças conceituais significativas, sendo o lixo aquilo que chegou ao fim de sua vida útil, sem chances de ser aproveitado para outro fim. Já a concepção de resíduo atualmente mais aceita se refere aos materiais que apresentam potencialidades de serem utilizados em outros processos produtivos, como matérias-primas ou insumos. As boas práticas na gestão dos resíduos envolvem as prioridades de redução, reutilização e reciclagem. Tais prioridades evoluíram à medida que as visões referentes aos resíduos se modificaram.

Nesse sentido, a concepção inicial da remediação visualiza o descarte de materiais como algo inevitável e propõe medidas para minimizar os danos. Já a visão da redução considera o processo produtivo e prevê modificações para que o resíduo não seja gerado ou a fim de que a geração seja reduzida.

Analisamos também a ferramenta da avaliação do ciclo de vida (ACV) de produtos, que permite conhecer a história de vida dos materiais desde o processamento das matérias-primas até o descarte dos resíduos após o consumo. Tal conhecimento subsidia a adoção do método mais adequado para a minimização de danos ambientais.

Por fim, analisamos a importância da Política Nacional de Resíduos Sólidos (PNRS) na proposição de diretrizes para a minimização do descarte, como a gestão integrada e a logística reversa. Também explicitamos a distância entre os objetivos e o panorama da geração *versus* a reciclagem. Das 79 milhões de toneladas de resíduos gerados em 2018, apenas 116 mil foram recuperadas (sendo 67 mil pelas cooperativas de catadores). Compreender esse contexto evidencia a necessidade de se explorar melhor as potencialidades que a reciclagem pode trazer do ponto de vista socioambiental.

Triagem de conhecimentos

1. Para reduzir impactos ambientais gerados pelos resíduos sólidos, é importante aplicar as boas práticas de gerenciamento desses materiais. Sobre essa temática, assinale a alternativa correta:
   a) A reutilização de resíduos envolve a transformação física, química ou biológica do material.
   b) A reciclagem envolve a transformação física, química ou biológica do material.
   c) A redução é uma das práticas de gerenciamento que deve ser evitada, pois também gera impactos negativos ao ambiente.
   d) A redução é uma das práticas de gerenciamento que não é possível ser aplicada pela sociedade, apenas por empresas.
   e) A reutilização é uma das práticas de gerenciamento que não é possível ser aplicada pela sociedade, apenas por empresas.

2. Atualmente, quando a questão dos resíduos sólidos é analisada sob a perspectiva das boas práticas de gerenciamento, emergem duas formas principais de lidar com a problemática: a remediação e a redução. A esse respeito, assinale a seguir a alternativa correta:

   a) A remediação é a abordagem que gera os menores impactos ambientais, pois considera que a geração de resíduo é inevitável.
   b) A remediação é a abordagem que gera os maiores impactos ambientais, pois analisa os processos produtivos para descartar o mínimo possível.
   c) A redução é a abordagem que gera os menores impactos ambientais, pois analisa os processos produtivos para descartar o mínimo possível.
   d) A redução é a abordagem que gera os maiores impactos ambientais, pois considera que a geração de resíduos é inevitável.
   e) Todas as alternativas anteriores estão incorretas.

3. Sobre as boas práticas no gerenciamento de resíduos sólidos, analise as assertivas a seguir:

   I. A avaliação do ciclo de vida (ACV) de produtos é um diagnóstico completo que contempla todas as etapas do processo produtivo, desde a aquisição das matérias-primas até a destinação final, sendo uma ferramenta importante para as boas práticas relativas aos resíduos.
   II. As boas práticas no gerenciamento de resíduos podem ser aplicadas a praticamente todos os tipos de materiais, incluindo aqueles que apresentam alguma periculosidade associada.

III. A abordagem da redução é aquela que gera maiores impactos ambientais, já que não se dedica a entender de qual processo os resíduos resultam.

Agora, assinale a alternativa que apresenta todas as assertivas corretas:
a) I, II e III.
b) I.
c) I e III.
d) I e II.
e) III.

4. Ao implementar a avaliação do ciclo de vida (ACV) para produtos e serviços, é possível obter informações importantes a respeito dos impactos ambientais gerados ao longo de processos produtivos. Sobre a ACV, assinale a alternativa correta:
a) A ACV não pode ser aplicada a serviços, somente a produtos, os quais passam por um processo produtivo determinável.
b) Na avaliação de impacto, determina-se o nível de detalhamento necessário para o conhecimento do ciclo de vida.
c) É na determinação dos objetivos da ACV que um diagnóstico a respeito das fragilidades de cada etapa do processo é traçado.

d) Na fase de interpretação da ACV, é possível definir os objetivos e o escopo para o conhecimento do ciclo de vida dos produtos.

e) Na fase de análise de inventário são obtidos os dados de entradas e saídas dos processos.

5. Para que a reciclagem contribua efetivamente com as diretrizes propostas na Política Nacional de Resíduos Sólidos (PNRS) – Lei n. 12.305/2010 –, é fundamental implementar a logística reversa. A respeito dessa temática, assinale a alternativa correta.

   a) A logística reversa é uma metodologia ultrapassada para a gestão dos resíduos sólidos, além de aumentar os custos dos processos produtivos.

   b) Apesar da grande importância que a logística reversa tem para a gestão dos resíduos sólidos, ainda não há políticas que determinem a necessidade de sua implementação.

   c) A inviabilidade técnica para implementar a logística reversa fez a metodologia ser totalmente abandonada no país. Além disso, não há relatos de situações em que o método obteve êxito.

   d) Por definição, a logística reversa é um instrumento de desenvolvimento econômico e social caracterizado por um conjunto de ações para viabilizar o retorno dos resíduos sólidos ao setor empresarial.

   e) Todas as alternativas anteriores estão incorretas.

Aplicação dos recursos adquiridos

Questões para reflexão

1. A redução do consumo é a ação que resulta em mais benefícios ambientais; entretanto, normalmente não é uma prática muito divulgada. Dessa forma, auxilie na disseminação dessa informação. Para isso, faça um balanço sobre os aspectos positivos e os negativos relacionados à redução de consumo para embasar sua reflexão e considere: Quais ações podem ser realizadas para promover a redução de consumo em sua região?

2. A reciclagem, quando aplicada como solução para impactos ambientais pela utilização de materiais que seriam descartados, proporciona economia de recursos naturais. A respeito da reciclagem, quais são os materiais mais reciclados em sua região? Existem cooperativas de reciclagem? Se sim, quais as condições de trabalho nelas?

Atividade aplicada: prática

1. Todo processo produtivo demanda matérias-primas e insumos para gerar produtos e resíduos sólidos. Para minimizar os danos ambientais, é fundamental o conhecimento da cadeia produtiva daquilo que é consumido diariamente. Nesse sentido, escolha um produto que você adquiriu e investigue os impactos gerados por ele. Você pode ficar à vontade para

escolher produtos eletrônicos, de vestuário, alimentícios etc. Após sua seleção, faça uma pesquisa detalhada sobre quais são as etapas produtivas pelas quais passam o produto escolhido. Separe as informações em uma planilha com três colunas. Na primeira, insira as etapas do processo (por exemplo, processamento de matérias-primas, resfriamento de equipamentos, moldagem). Na segunda, indique os impactos gerados por essas etapas (como produção de efluentes, produção de aparas). Para o preenchimento da terceira coluna, pesquise quais são as melhores alternativas para o impacto gerado (por exemplo, tratamento biológico de efluentes, reuso da água, reciclagem de aparas). Observe a seguir uma sugestão de como organizar as informações:

Modelo de quadro para a atividade

Processo	Impacto	Solução
Processamento de matérias-primas	Produção de efluentes	Tratamento biológico de efluentes
Resfriamento de equipamentos	Uso de grande volume de água	Reuso da água
Moldagem	Produção de aparas	Reciclagem de aparas

Sinta-se livre para indicar quantos processos desejar. Após reunir essas informações, discuta em grupo a respeito das implicações desses impactos e sobre o quão efetivas são as soluções que você citou.

Capítulo 3

Reciclagem de materiais: da viabilização aos problemas ambientais da não efetivação

Nos capítulos anteriores, relatamos como o histórico relacionado aos resíduos sólidos influenciou as práticas de descarte da atualidade. Com a compreensão de que o reaproveitamento e a reciclagem são fundamentais, neste capítulo detalharemos as estruturas necessárias para minimizar a disposição final dos materiais descartados. A classificação de resíduos, segregação, coleta seletiva e atuação dos catadores serão as temáticas principais. Além disso, abordaremos os principais impactos ambientais do descarte inadequado de resíduos sólidos, situação resultante da não viabilização de estruturas para o reaproveitamento/a reciclagem.

Skylines/Shutterstock

3.1 Viabilizando a reciclagem

Já explicitamos que a reciclagem deve ser uma escolha consciente, ou seja, deve partir de uma avaliação do processo produtivo e dos potenciais impactos ambientais. Identificada a pertinência desse método, é preciso estar atento às estruturas necessárias para que a reciclagem ocorra; e é isso que detalharemos a seguir.

3.1.1 Processos de classificação

Reciclar materiais envolve a transformação daquilo que tipicamente seria descartado, por ter atingido o fim da vida útil, em produtos com novo uso. Nas mais diversas atividades diárias, são produzidos diversos tipos de resíduos potencialmente recicláveis, como jornais, papéis de escritório, vidros de conservas, latas de alumínio, garrafas plásticas etc. De acordo com Miller Jr. (2011), há dois tipos de reciclagem, dependendo da natureza do material gerado ao final desse processo:

1. **Reciclagem primária ou em circuito fechado**:
   A transformação pela reciclagem ocorre no sentido de obter o mesmo tipo de produto que deu origem ao material descartado. Nessa categoria se inclui, por exemplo, a reciclagem de latas de alumínio descartadas, as quais dão origem a novas ao final do processo.

2. **Reciclagem secundária ou *downcycling***: Nessa categoria, os resíduos são transformados pela reciclagem para obter produtos diferentes daqueles que deram origem ao material descartado. Como exemplo, podemos citar as garrafas PET (polietileno tereftalato), que após a reciclagem são convertidas em fios, utilizados na confecção de tecidos.

O emprego de tecnologias de reciclagem pode ser feito dois momentos do ciclo de vida de produtos. Os materiais que são gerados durante o processo produtivo são classificados como resíduos **pré-consumo** ou **internos**; já os materiais gerados pelo consumo de produtos são resíduos **pós-consumo** ou **externos**. Teoricamente, quase todos os materiais nesses dois momentos do ciclo de vida dos produtos são recicláveis. Entretanto, o contexto atual inviabiliza os processos de transformação. A maior parte do descarte é enviada para a destinação final na forma de mistura entre aquilo que pode e o que não pode ser reciclado, reduzindo drasticamente as possibilidades para que sejam inseridos em novos processos produtivos (Miller Jr., 2011).

Para garantir que os resíduos sejam reciclados, é essencial conhecer os materiais; para isso, uma das primeiras etapas no gerenciamento de materiais é a classificação. As referências nesse caso devem ser as normativas e a legislação que trata do descarte de materiais, documentos de que trataremos a seguir. É importante compreender que as classificações e as nomenclaturas evoluem com certa velocidade, à medida que novas tecnologias são desenvolvidas ou quando os estudos indicam maior efetividade de novos métodos de gerenciamento de materiais. Dessa forma, a constante atualização daqueles que lidam com a gestão de resíduos sólidos é primordial.

Conhecer a origem do material facilita o gerenciamento e dá subsídios para determinar com mais clareza as técnicas de reciclagem ou reutilização mais adequadas. Sendo assim, a Política Nacional de Resíduos Sólidos (PNRS), Lei n. 12.305, de 2 de agosto de 2010, em seu art. 13, classifica os materiais descartados em duas categorias gerais, quanto à origem e quanto à periculosidade (Brasil, 2010).

A PNRS define, quanto à origem, que os resíduos podem ser classificados em (Brasil, 2010):

- **Domiciliares**: São os materiais gerados no desenvolvimento das atividades em residências. Essa categoria abriga materiais com grande potencial para a reciclagem, desde que os processos de separação sejam adequados, temática que discutiremos ao longo deste capítulo.
- **De limpeza urbana**: A manutenção do espaço urbano também gera materiais a serem descartados, como aqueles provenientes da varrição e da limpeza de vias públicas.
- **Urbanos**: Trata-se do somatório entre as duas primeiras categorias e cuja destinação fica a cargo da gestão pública.
- **De estabelecimentos comerciais e prestadores de serviços**: Variam conforme o tipo de atividade comercial, mas tipicamente apresentam em sua composição papéis, plásticos e materiais orgânicos.

- **De saneamento básico**: Incluem lodos* de estações de tratamento de efluentes (ETE) domésticos e de estações de tratamento de água (ETA).
- **Industriais**: São variáveis de acordo com o ramo de atividade ao qual a indústria pertence. Podem abranger desde resíduos comuns, como papéis e plásticos, até lodos contaminados com metais pesados, sendo responsabilidade do gerador realizar a descontaminação do material e a destinação final ambientalmente adequada.
- **De serviços de saúde**: São regulamentados pelo Sistema Nacional do Meio Ambiente (Sisnama) e pelo Sistema Nacional de Vigilância Sanitária (SNVS), pois exigem uma gestão com critérios técnicos mais específicos. A possível contaminação desses materiais com microrganismos patogênicos ou com materiais perigosos demandou a criação de regulamentação própria.
- **Da construção civil**: Envolve aqueles materiais descartados em obras e demolições, por exemplo, restos de cimento, gesso, aço e vidro.

---

* O lodo é um dos subprodutos dos processos de tratamento da água e do esgoto (efluente). Esse material é composto pelo que é sedimentado, após a aplicação de processos físico-químicos e microbiológicos nas estações de tratamento. Alguns estudos indicam sua utilização como fertilizante na agricultura ou para a produção de insumos da construção civil. A composição é bastante variável, em virtude da variabilidade de atividades que geram efluentes. Dependendo de sua composição, pode ser classificado como material perigoso e deve ser tratado antes da destinação final (Richter, 2001; Souza et al., 2020).

- **Agrossilvopastoris**: Nessa categoria, incluem-se não apenas os resíduos gerados pelas atividades da agropecuária, mas também aqueles resultantes de atividades de empresas produtoras de insumos.
- **De serviços de transporte**: Abrangem os materiais descartados em setores relacionados aos transportes, como os portos, aeroportos, rodoviárias, ferroviárias etc.
- **De mineração**: São aqueles resíduos resultantes não só do processo de extração e beneficiamento de minérios, mas também das atividades de pesquisa nessa área.

Com relação à periculosidade, os resíduos se distinguem em **perigosos** e **não perigosos**. Pode ser complexo, em uma primeira análise, pensar que muitas vezes nem sequer sabemos de que material o resíduo é composto. Então, como é possível determinar se é perigoso ou não?

Para ser considerado perigoso, o material deve apresentar algumas características físico-químicas e/ou microbiológicas. Nos termos da PNRS, em seu art. 13, define:

> a) resíduos perigosos: aqueles que, em razão de suas características de inflamabilidade, corrosividade, reatividade, toxicidade, patogenicidade, carcinogenicidade, teratogenicidade e mutagenicidade, apresentam significativo risco à saúde pública ou à qualidade ambiental, de acordo com lei, regulamento ou norma técnica;

Para a correta classificação dos resíduos, algumas normas técnicas são formuladas a fim de fornecer as especificações para a correta caracterização e classificação dos materiais descartados. No Brasil, essas normativas são editadas pela Associação Brasileira de Normas Técnicas (ABNT) e tratam sobre:

- classificação de resíduos sólidos (ABNT NBR 10.004);
- obtenção do extrato lixiviado de resíduos sólidos, para avaliar as potencialidades do resíduo em causar contaminações (ABNT NBR 10.005);
- obtenção do extrato solubilizado de resíduos sólidos para distinguir, entre os resíduos não perigosos, os inertes e os não inertes (ABNT NBR 10.006);
- a amostragem necessária para caracterizar corretamente os resíduos e permitir a correta classificação (ABNT NBR 10.007).

Explorando novas matérias-primas

Entre as classes de resíduos estabelecidas na PNRS, os resíduos de serviços de saúde demandam regulamentações próprias. Para a gestão desses materiais, devem ser observadas as orientações do Conselho Nacional do Meio Ambiente (Conama) e da Agência Nacional de Vigilância Sanitária (Anvisa). De acordo com as resoluções promulgadas por esses órgãos, os materiais descartados em estabelecimentos de serviços de saúde são classificados em cinco grupos gerais: A, B, C, D e E. O que é considerado resíduo de serviço de saúde? Que tipo de material inclui cada uma das cinco categorias? Para descobrir as respostas a essas e a outras perguntas, indicamos a leitura das regulamentações para esses materiais:

BRASIL. Ministério da Saúde. ANVISA –Agência Nacional de Vigilância Sanitária – ANVISA. Resolução n. 222, de 28 de março de 2018. **Diário Oficial da União**, Brasília, DF, 29 mar. 2018. Disponível em: <https://www.cff.org.br/userfiles/file/RDC%20ANVISA%20N%C2%BA%20222%20DE%2028032018%20REQUISITOS%20DE%20BOAS%20PR%C3%81TICAS%20DE%20GERENCIAMENTO%20DOS%20RES%C3%8DDUOS%20DE%20SERVI%C3%87OS%20DE%20SA%C3%9ADE.pdf>. Acesso em: 16 dez. 2020.

BRASIL. Ministério do Meio Ambiente. CONAMA – Conselho Nacional do Meio Ambiente. Resolução, n. 275 de 25 de abril de 2001. **Diário Oficial da União**, Brasília, DF, 19 jun. 2001. Disponível em: <http://www2.mma.gov.br/port/conama/legiabre.cfm?codlegi=273>. Acesso em: 16 dez. 2020.

Além da classificação dos materiais, aspectos importantes na cadeia de gestão dos resíduos sólidos são os processos de segregação e de coleta seletiva. É na aplicação dessas metodologias que as práticas de classificação de materiais se efetivam, cumprindo, de fato, com a finalidade de agregar valor ao que foi descartado e permitir o reaproveitamento ou a reciclagem.

3.1.2 Processos de segregação e coleta seletiva

Para que as práticas de reutilização e reciclagem sejam efetivadas, é necessário promover uma ação conjunta de diversos setores da sociedade, a fim de que ocorra a viabilização das estruturas responsáveis por evitar a destinação final de materiais, especialmente daqueles potencialmente recicláveis. Isoladamente, a classificação não é suficiente para a efetivação da prática da reciclagem. Por essa razão, a segregação e a coleta seletiva também devem fazer parte da cadeia de gestão dos resíduos sólidos.

A reciclagem ou o tratamento, no caso de resíduos perigosos, depende do nível de separação dos materiais, tecnicamente denominado *nível de segregação*. Lidar com a mistura de resíduos é uma tarefa complexa, pois é maior a possibilidade de haver interferentes nos processos de reciclagem. Por exemplo, o rendimento do processo de reciclagem de latas de alumínio será mais eficiente quanto mais as latas usadas estiverem separadas de resíduos orgânicos (restos de alimento). É possível, até mesmo, que em alguns casos ocorra a inviabilização da reciclagem em razão dos elevados custos para limpeza e separação, quando o material chega misturado às centrais de triagem. A inviabilidade, nessa situação, resulta em disposição final (Manahan, 2013).

Considerando esse contexto, é ideal que a segregação dos resíduos seja efetivada já na fonte, possibilitando melhor aproveitamento dos materiais e reduzindo os riscos para os catadores de resíduos recicláveis (Hernandes et al., 2016). Para empresas, a segregação dos resíduos pode se traduzir em economia e até em retorno financeiro. Os menores custos em longo prazo, envolvendo a economia de energia, bem como as menores taxas de poluição da água e do ar são dois dos principais fatores que contribuem para que os empreendimentos adotem a implementação da segregação na fonte. Além disso, esse método gera mais empregos e propicia um material mais limpo. Tais fatores podem agregar maior valor de venda e tornar a comercialização de materiais que seriam descartados uma atividade economicamenteatrativa (Miller Jr., 2011).

Algumas iniciativas podem ser implementadas para favorecer a separação de materiais na fonte pela sociedade. Um exemplo de prática nesse sentido é o programa da Agência de Proteção Ambiental dos Estados Unidos (Environmental Protection Agency – EPA), intitulado *Pay-as-You-Throw* (Payt), traduzido no Brasil como "Pague pelo seu lixo". Nos estados em que o Payt foi implementado, as pessoas pagam pela destinação dos seus resíduos de acordo com o volume gerado. Em uma primeira análise, trata-se de um programa que contribui para a redução do descarte, já que quanto menos se gera, menor também é o valor pago. O incentivo para a segregação de resíduos está no fato de que os moradores que realizam a prévia separação dos materiais em papéis, plásticos, metais, vidros e orgânicos pagam menos pela disposição final em comparação com aqueles que destinam os resíduos misturados (EPA–U.S., 2016).

Outra etapa necessária para a viabilização da reciclagem é a **coleta seletiva**, que obviamente só é possível com a segregação de materiais na fonte geradora (pelo cidadão e pelas empresas). Entende-se por coleta seletiva o recolhimento de materiais com base em seus constituintes principais, garantindo maior facilidade no reaproveitamento ou na reciclagem. A experiência de coletar resíduos conforme seus constituintes principais é realizada na Europa e nos Estados Unidos desde o início do século XX. No Brasil, as primeiras discussões ocorreram em 1940, mas a implementação da coleta seletiva aconteceu apenas em 1985, em Niterói, no Rio de Janeiro (Eigenheer; Ferreira, 2015).

De acordo com a PNRS, é obrigação dos municípios definir em seus respectivos Planos Municipais de Gestão Integrada de

Resíduos Sólidos** as diretrizes para a implementação da coleta seletiva de materiais (Brasil, 2010). As práticas de coleta seletiva no Brasil são realizadas de duas formas principais: (1) por meio da coleta porta a porta e (2) por pontos de entrega voluntária (PEVs). A primeira das práticas é a mais conhecida. Envolve a retirada dos materiais das residências por empresas (públicas ou privadas) ou por catadores de materiais recicláveis e, normalmente, o uso de veículos para a coleta dos resíduos deixados em frente a residências e comércios.

Já a segunda ocorre pela determinação de pontos para a entrega de materiais, comumente localizados próximos a um

---

** Você pode conhecer o Plano Municipal de Gestão Integrada de Resíduos Sólidos de seu município. Normalmente, o documento é disponibilizado publicamente em *sites* de prefeituras ou das secretarias municipais de meio ambiente. A título de exemplo, no *link* a seguir, você pode conhecer o documento do município de São José dos Pinhais, no Estado do Paraná. Disponível em: <http://www.sjp.pr.gov.br/wp-content/uploads/2017/11/PMGIRS.pdf>. Acesso em: 7 jan. 2020.

grande número de residências e comércio para facilidade de acesso. Utilizar os PEVs é mais comum em programas para o recolhimento de resíduos domiciliares perigosos, como pilhas, baterias, medicamentos e lâmpadas fluorescentes (MMA, 2020).

frantic00/Shutterstock

Para facilitar a identificação de materiais na coleta seletiva e padronizar a prática em todo o território nacional, o Conama determinou, por meio da Resolução n. 275, de 25 de abril de 2001, as cores a serem utilizadas em recipientes e veículos de coleta para cada tipo de material reciclável, a fim de contribuir para a aplicação das tecnologias de reciclagem. A separação de materiais conforme a composição dos resíduos, segundo o Conama (Brasil, 2001), deve respeitar o seguinte padrão:

- Azul: papel/papelão;
- Vermelho: plástico;
- Verde: vidro;

- Amarelo: metal;
- Preto: madeira;
- Laranja: resíduos perigosos;
- Branco: resíduos ambulatoriais e de serviços de saúde;
- Roxo: resíduos radioativos;
- Marrom: resíduos orgânicos;
- Cinza: resíduo geral não reciclável ou misturado, ou contaminado não passível de separação.

Infelizmente, as ações para a coleta seletiva ainda são bastante restritas, em virtude da complexidade de implementação, especialmente em municípios de grande porte. Dados do Sistema Nacional de Informações sobre o Saneamento (SNIS) indicam que, em 2018, apenas 38% dos municípios brasileiros declararam que a coleta seletiva estava implementada. Com isso, a maior parte dos materiais recicláveis ainda é levado para aterros sanitários ou lixões do país. Ainda é reduzido o percentual de materiais coletados e que chegam até os processos de reciclagem (SNIS, 2019). Sobre esse aspecto, destaca-se o esforço de catadores de materiais recicláveis, responsáveis pela maioria dos materiais que efetivamente vão para o reaproveitamento ou reciclagem. Por isso, a atuação desses trabalhadores tem se mostrado indispensável nos últimos anos, para que a reciclagem, mesmo que bastante limitada, ainda ocorra no Brasil (Eigenheer; Ferreira, 2015).

3.1.3 O trabalho dos catadores de materiais recicláveis

A atuação dos catadores de materiais recicláveis é ainda um grande paradoxo na sociedade. Apesar da grande importância para a viabilização da reciclagem, são notórias as condições subumanas a que esses trabalhadores precisam se sujeitar para sustentar as próprias famílias. Além das dificuldades diárias para exercer a atividade de catação, esses trabalhadores carregam um estigma que é fruto do processo de construção histórica a respeito do lixo e do descarte (Eigenheer, 2009).

Um dos aspectos dessa construção histórica está apresentado na Figura 3.1. A pintura de Jean-Baptiste Debret retrata uma situação bastante comum para o Brasil do século XIX: a imposição de os escravizados desempenharem tarefas consideradas degradantes por aqueles que detêm o poder. Entre essas tarefas, estava o descarte do lixo produzido pelos mais ricos, realizado somente pelos marginalizados da sociedade (escravizados, prisioneiros, estrangeiros, prostitutas etc.). Aspectos históricos como esse demonstram a formação e a permanência de visões preconceituosas com relação ao que é descartado e àqueles que trabalham com esses materiais (Eigenheer, 2009).

Figura 3.1 – Escravo com barril de dejetos

DEBRET, J. B. Castigo imposto aos negros. c.1816-1831. Aquarela sobre papel, 22 cm × 14,5 cm.

Explorando novas matérias-primas

Você sabia que, no século XIX, os escravizados encarregados de destinar os dejetos produzidos pelos mais ricos eram conhecidos como "tigres"? O apelido era dado em razão de que os barris utilizados no descarte de fezes e urina apresentavam buracos e rachaduras, sendo inevitável que uma parte do conteúdo fosse derramado em quem estivesse carregando o material. Conhecer a história relacionada aos resíduos sólidos ajuda a entender como se formou o contexto preocupante da atualidade, no qual a contaminação ambiental predomina nos grandes centros urbanos. Para saber mais sobre essas e outras questões históricas referentes aos resíduos e ao saneamento, indicamos a leitura do livro *A história do lixo: a limpeza urbana através dos tempos*, de Emílio Maciel Eigenheer,

EIGENHEER, E. M. **A história do lixo**: a limpeza urbana através dos tempos. Rio de Janeiro: ELS2 Comunicação, 2009.

Os estigmas impostos aos catadores são diariamente reforçados, na medida em que, mesmo realizando uma atividade fundamental para o equilíbrio socioambiental, eles são mantidos na informalidade. Dessa forma, a falta de acesso aos direitos trabalhistas e às condições mínimas para o trabalho priva-os também de premissas básicas para a dignidade humana. O mais preocupante dessa situação é que ela se tornou tão comum no dia a dia das grandes cidades que a presença e as dificuldades desses trabalhadores nem sequer são percebidas (Sousa; Pereira; Calbino, 2019).

O setor da reciclagem envolve a coleta, a separação, o beneficiamento e a transformação de materiais. A viabilização dessas práticas ocorre por meio da atividade de recicladores, sucateiros, cooperativas e catadores, conforme esquematizado na Figura 3.2.

Figura 3.2 – Hierarquia geral do setor da reciclagem de materiais

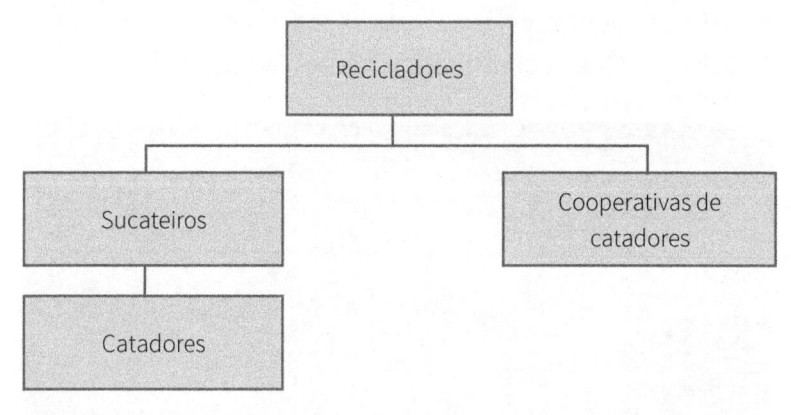

```
                    ┌─────────────┐
                    │ Recicladores│
                    └──────┬──────┘
            ┌──────────────┴──────────────┐
    ┌───────┴───────┐              ┌──────┴───────┐
    │  Sucateiros   │              │ Cooperativas │
    │               │              │ de catadores │
    └───────┬───────┘              └──────────────┘
    ┌───────┴───────┐
    │   Catadores   │
    └───────────────┘
```

Fonte: Mancini; Ferraz; Bizzo, 2012, p. 352.

Contudo, embora seja a mais frequente, essa estrutura hierárquica não é a única na realidade brasileira. Existem situações, por exemplo, nas quais mesmo os catadores não cooperativados se reportam diretamente às empresas recicladoras. Esse comportamento visa, principalmente, à busca de melhores preços para a venda dos materiais coletados, ocorrendo especialmente quando o catador dispõe de uma rede de contatos que favoreça o acesso às recicladoras (Braga; Maciel; Carvalho, 2018).

A atividade dos catadores é regulamentada desde 2002 pela Classificação Brasileira de Ocupações (CBO). Ao realizarmos uma busca rápida no *site* do Ministério do Trabalho, é possível verificar que o registro principal a essa classe trabalhadora é o 5192: Trabalhadores da coleta e seleção de material reciclável, no qual estão incluídas as seguintes atividades (MTE, 2020):

- 5192-05 – Catador de material reciclável
- 5192-10 – Selecionador de material reciclável
- 5192-15 – Operador de prensa de material reciclável

Karolis Kavolelis/Shutterstock

A atividade dos catadores de materiais recicláveis na prática inclui a catação, a separação, o transporte e o acondicionamento, podendo até mesmo envolver o beneficiamento de materiais. Para a viabilização da tarefa diária, esses trabalhadores estão expostos aos mais variados riscos, que vão desde o comprometimento da saúde até o convívio com o medo da violência nas ruas. A associação desses trabalhadores, por meio de cooperativas, tem sido relatada como uma possível solução para minimizar as vulnerabilidades daqueles que atuam na área. Nesse modelo de organização, há o princípio da autogestão, segundo o qual a gestão da cooperativa e as questões administrativas são atividades compartilhadas entre todos os cooperados, contemplando os mesmos direitos e deveres. Além disso, a união por meio de cooperativas permite aumentar o volume de material coletado, sendo possível a negociação de melhores valores para venda. Tal ação resulta em maior rentabilidade, em comparação com a atuação individual. Outro aspecto importante para os cooperados é o maior acesso a condições dignas de trabalho e a importantes direitos trabalhistas (Magni; Günther, 2014).

Explorando novas matérias-primas

Para conhecer a atuação das cooperativas de catadores e o contexto no qual estão inseridas, sugerimos a leitura do texto "Aspectos econômicos e ambientais da reciclagem: um estudo exploratório nas cooperativas de catadores de material reciclável do Estado do Rio de Janeiro". Essa leitura possibilitará uma maior compreensão do que as cooperativas e os catadores representam para a economia no ramo da reciclagem.

RIBEIRO, L. C. de S. et al. Aspectos econômicos e ambientais da reciclagem: um estudo exploratório nas cooperativas de catadores de material reciclável do Estado do Rio de Janeiro. **Nova Economia**, Belo Horizonte, v. 24, n. 1, p. 191-214, jan./abr. 2014. Disponível em: <http://dx.doi.org/10.1590/103-6351/1390>. Acesso em: 16 dez. 2020.

Entre os problemas enfrentados pelos catadores de materiais recicláveis na atualidade, destacam-se a falta de organização da coleta seletiva na maioria dos municípios brasileiros (68% dos municípios não têm coleta seletiva), o uso de estrutura precária para a coleta e a separação de materiais, a falta de recursos financeiros para a melhoria das condições de trabalho, o suporte precário por parte dos municípios aos cooperados etc. Fundamentalmente para as cooperativas de catadores, o apoio técnico para a gestão do negócio é também uma fragilidade a ser superada na realidade brasileira (Hernandes et al., 2016; Moreira; Günther; Siqueira, 2019).

Mesmo com as dificuldades para a coleta e a separação dos recicláveis, estima-se que aproximadamente 67 mil toneladas de materiais desse tipo foram coletadas por catadores associados às cooperativas entre 2018 e 2019. O setor movimentou o mercado da reciclagem por meio de 1.710 cooperativas. Desde que o levantamento passou a ser realizado no país, foi contabilizada a movimentação de R$ 62 milhões, mediante a recuperação e viabilização da reciclagem de resíduos sólidos (Abrelpe, 2019).

Analisando esse cenário, fica evidente a necessidade de apoiar o trabalho dos catadores de materiais recicláveis. A efetivação da reciclagem, considerando a realidade brasileira, necessita de políticas públicas bem-definidas para promover a formalização do trabalho e o acesso a condições mais dignas de sobrevivência. Aliada às práticas de gestão pública, a articulação do setor da reciclagem com a iniciativa privada pode também gerar benefícios tanto para os catadores quanto para as empresas. Com base nas diretrizes da PNRS, que envolve a responsabilidade compartilhada na geração de materiais para o descarte, a atuação dos catadores vai ao encontro das necessidades de empreendimentos para atingir os objetivos propostos em lei. Dessa forma, é fundamental destinar um olhar mais cuidadoso para esses trabalhadores, visando lhes proporcionar condições adequadas de trabalho e o efetivo cumprimento da PNRS.

3.2 Processo de reciclagem

Sendo um método para minimizar a disposição final de resíduos sólidos, a reciclagem deve considerar a melhor tecnologia disponível, do ponto de vista ambiental, social e econômico. Portanto, uma tecnologia que atenda aos requisitos ambientais e sociais, mas que seja inviável do ponto de vista econômico, não tem como ser efetivada. Nesse sentido, é importante detalhar os fatores que devem ser considerados na escolha do processo de reciclagem. Reciclar envolve a realização de processos de transformação em materiais descartados, de forma que possam ser novamente aproveitados na forma de produtos, matéria-prima, insumos ou energia. Basicamente, há quatro tipos de materiais que podem ser reciclados (Miller Jr., 2011): (1) plásticos; (2) metais; (3) vidros; e (4) papéis.

A PNRS, em seu art. 3º, define reciclagem como:

processo de transformação dos resíduos sólidos que envolve a alteração de suas propriedades físicas, físico-químicas ou biológicas, com vistas à transformação em insumos ou novos produtos, observadas as condições e os padrões estabelecidos pelos órgãos competentes do Sisnama e, se couber, do SNVS e do Suasa. (Brasil, 2010)

Para que seja possível a transformação de resíduos em novos produtos, a regulação do setor de reciclagem se baseia em quatro fatores principais. O primeiro deles corresponde à **regulação do mercado**, por meio dos preços de compra e venda que determinam a oferta e a procura, como as oscilações de preço na reciclagem de metais e de plásticos. O segundo fator está relacionado à **supervalorização de resíduos específicos**, como o alumínio e o cobre, cujos preços praticados para a venda têm proporcionado maiores rendimentos em relação a outros materiais. A **abundância de matérias-primas** é o terceiro fator a influenciar no mercado da reciclagem. Quando há elevada disponibilidade de matérias-primas, por exemplo, para a produção de plásticos, os preços de compra e venda podem inviabilizar a aplicação de tecnologias de reciclagem. É nesse contexto arriscado para as práticas de minimização do descarte que as políticas públicas devem focar em estratégias, como o incentivo fiscal, para favorecer a reciclagem e o reaproveitamento em detrimento do consumo de matérias-primas extraídas diretamente dos recursos naturais. Relacionado a essas estratégias, está o quarto fator, que se baseia na **obrigatoriedade por lei em realizar a reciclagem**, como ocorre no caso dos pneus inservíveis (Mancini; Ferraz; Bizzo, 2012).

Inicialmente, é preciso considerar que a reciclagem, sempre que possível, deve ser realizada no local em que o resíduo é gerado, dispensando o gasto energético para o transporte. Além disso, os processos produtivos que dão origem a mais resíduos recicláveis são também aqueles que apresentam maiores oportunidades para fechar o ciclo, utilizando no próprio processo o que seria descartado. Existem quatro maneiras principais para a valoração de resíduos por meio da reciclagem (Manahan, 2013):

1. **Via direta na forma de matéria-prima para a empresa que gerou o resíduo**: Os materiais que seriam descartados são beneficiados e retornam ao processo produtivo de origem.
2. **Transferência do resíduo como matéria-prima a outro processo produtivo**: É comum que materiais considerados de descarte em um processo possam ser utilizados como matérias-primas em outros processos.
3. **Uso para o controle da poluição**: Pode ser aplicado para compostos que seriam descartados, mas que após o processo de beneficiamento passam a apresentar características necessárias para o tratamento de outros resíduos. Nessa categoria estão, por exemplo, resíduos alcalinos utilizados para neutralizar resíduos ácidos.
4. **Recuperação energética**: Envolve o aproveitamento do poder calorífico de resíduos que são utilizados como energia em processos como a incineração.

Para que a aplicação de tecnologias de reciclagem permita efetivamente minimizar o descarte de materiais, é primordial que todos os custos envolvidos no processo sejam considerados. Transformar materiais descartados pela reciclagem também representa um potencial para gerar novas fontes de poluição, já que são necessários novos processos produtivos que, por sua vez, darão origem a novos resíduos. A contabilização de mão de obra, consumo energético e novos impactos ambientais são algumas das variáveis a serem consideradas no planejamento da reciclagem. Em certas situações, a justificativa para a aplicação da reciclagem está no aumento da vida útil de aterros sanitários, quando levamos em consideração o contexto de um município com pouco espaço e recursos para a disposição final. Portanto, a análise isolada do custo financeiro pode dar margem a alguns equívocos no gerenciamento do que é descartado.

Há ainda muita discussão sobre se, de fato, a reciclagem é uma metodologia viável para a minimização de impactos ambientais. O fato é que as maneiras mais viáveis para reciclar resíduos abrangem metodologias que mais se aproximam do reuso (Baird; Cann, 2011).

Convém sublinhar que **a opção pela reciclagem deve levar em consideração para qual contexto ela é necessária**. Nos grandes centros urbanos, por exemplo, em que já não há locais aptos a receberem resíduos e tendo em vista que os custos para a destinação em aterros já estão elevados, a reciclagem pode ser uma boa opção. Outra conjuntura na qual a reciclagem é viável ocorre no gerenciamento dos resíduos em municípios que fazem a destinação em lixões. Em tais casos, a aplicação das tecnologias disponíveis para reinserir resíduos ao ciclo proporciona vantagens como (Miller Jr., 2011):

- **Redução da poluição**: Menores quantidades de materiais necessitam de disposição final; consequentemente, os impactos ambientais dessa etapa do gerenciamento são minimizados. Além disso, reduz-se a poluição pela busca e pelo processamento de matérias-primas virgens.

- **Economia de energia**: Alguns materiais descartados apresentam um poder calorífico que permite um uso economicamente viável como fonte de energia. Materiais já processados, como o plástico e o alumínio, também necessitam de menores quantidades de energia quando comparados ao processamento da matéria-prima virgem.
- **Minoração na demanda por minerais**: O aproveitamento dos resíduos, após a aplicação de tecnologias de reciclagem, possibilita uma menor pressão sobre os recursos naturais, já que o consumo de matérias-primas virgens é reduzido.
- **Diminuição das emissões gasosas**: A disposição de menor quantidade de materiais em aterros e lixões permite a minimização de gases como o metano (CH_4) e o dióxido de carbono (CO_2), os quais intensificam as mudanças climáticas.
- **Economia de recursos**: Reciclar e reutilizar materiais que seriam descartados reduzem o consumo de recursos naturais e financeiros. Afinal, consumir menores quantidades de matéria-prima e insumos pelo uso de resíduos resulta em economia financeira.
- **Proteção da biodiversidade**: A produção dos gases de aterro e do chorume causa contaminação ambiental, podendo impactar muitos ecossistemas. A intoxicação de seres vivos, nesses casos, pode reduzir a capacidade de sobrevivência de muitas espécies, afetando a biodiversidade. Evitar a disposição final, por meio da reciclagem, permite a minimização dessa problemática.

Explorando novas matérias-primas

Os gases emitidos na decomposição dos resíduos em aterros sanitários e lixões contribuem para a intensificação do efeito estufa. Nos locais em que os materiais descartados são destinados, ocorre a decomposição da matéria orgânica, que produz elevadas concentrações de metano (CH_4) e dióxido de carbono (CO_2), reduzindo drasticamente a qualidade do ar. Sobre essa problemática, indicamos a leitura do texto intitulado "Emissão de gases do efeito estufa de um aterro sanitário no Rio de Janeiro". O estudo apresenta a quantificação química, por métodos cromatográficos, desses gases em um aterro sanitário do Rio de Janeiro. O objetivo foi avaliar as emissões de acordo com as camadas de resíduos depositados no aterro.

BORBA, P. F. S. et al. Emissão de gases do efeito estufa de um aterro sanitário no Rio de Janeiro. **Engenharia Sanitária e Ambiental**. Rio de Janeiro, v. 23, n. 1, p. 101-111, jan./fev. 2018. Disponível em: <http://www.scielo.br/pdf/esa/v23n1/1809-4457-esa-23-01-101.pdf>. Acesso em: 16 dez. 2020.

A opção pela reciclagem envolve o conhecimento técnico das tecnologias atualmente disponíveis, permitindo uma avaliação mais exata da viabilidade. Vale lembrar que as tecnologias de reciclagem estão constantemente se modificando, e materiais considerados complexos ou de difícil reciclagem podem ser reinseridos nos processos. Esse é o caso de solventes e restos de tintas que podem ser reciclados pelo coprocessamento***.

*** Detalhamos o coprocessamento no "Apêndice" desta obra, já que a técnica é empregada na reciclagem de uma mistura diversa de resíduos.

Cada material descartado apresenta particularidades e também possibilidades no que se refere aos processos de reciclagem. Sendo assim, nos próximos capítulos desta obra, pormenorizaremos como ocorre a reciclagem de acordo com o tipo de material descartado. Uma análise prévia, porém, deve considerar a seguinte questão:

E se as estruturas que viabilizam a reciclagem não se efetivarem e os materiais não forem reciclados ou reaproveitados?

Para abordar essa questão, examinaremos, a seguir, os impactos ambientais da disposição final de resíduos sólidos.

3.3 Custos ambientais da não efetivação da reciclagem

A não efetivação da reciclagem e o panorama do gerenciamento dos resíduos sólidos no Brasil evidenciam que os esforços para minimizar o descarte ainda estão distantes do nível satisfatório. Essa situação contribui para a ocorrência de impactos ambientais significativos nas cidades brasileiras, ocupando espaços desnecessários e causando a contaminação do solo, da água e do ar. Grande parte desse contexto de degradação ambiental é fruto do descarte inadequado de materiais que poderiam ser reaproveitados ou reciclados (Zago; Barros, 2019).

Nattaret Dechakanee, bews, Phanu D Pongvanit e Vectorpocket/Shutterstock

Segundo a PNRS, somente os rejeitos, ou seja, os resíduos que não podem ser reaproveitados ou para os quais não existem tecnologias disponíveis/viáveis para a reciclagem devem ser encaminhados para a disposição final. Além disso, o destino para os rejeitos deve ser os aterros sanitários dos municípios, sendo vedada a utilização de lixões para essa finalidade (Brasil, 2010). Porém, mesmo com a promulgação das diretrizes nacionais, grandes quantidades de materiais vão para os lixões. Ainda, os aterros sanitários, quando disponíveis, recebem a maior parte do que é descartado, incluindo resíduos que poderiam ser reaproveitados ou reciclados (Abrelpe, 2019).

A disposição final apresenta grande potencial para gerar impactos ambientais; não obstante, é a via mais utilizada no Brasil para lidar com o que é descartado. Assinalamos que das 79 milhões de toneladas de resíduos produzidos no país em 2018, apenas 116 mil foram recuperadas (abrangendo reaproveitamento e reciclagem), o que representa menos de 1%. Somada à questão do descarte, está a disposição final precária, já que 40,5% dos resíduos são depositados em lixões (Abrelpe, 2019). Convém, então, arrolar os principais problemas que um lixão pode gerar.

O lixão, ou *vazadouro a céu aberto*, é um local no qual se despeja o lixo produzido, sem que haja qualquer estrutura tecnicamente pensada para a minimização de impactos ambientais, como a impermeabilização do solo. Nas cidades, é muito comum que terrenos abandonados sejam transformados em lixões, atraindo vetores de doenças, produzindo mau cheiro e promovendo a contaminação do ambiente pelo chorume, um líquido escuro formado durante o processo de decomposição de resíduos orgânicos, o qual tem alto poder contaminante. O chorume resulta predominantemente de materiais orgânicos, como os restos de alimentos, pois os outros resíduos, como o plástico, apresentam um processo lento de decomposição (Mancini; Ferraz; Bizzo, 2012).

Nos locais de disposição final dos resíduos, especialmente nos lixões, observam-se três etapas principais no processo de decomposição da matéria orgânica: (1) a **aeróbia**, (2) a **anaeróbia** e a (3) **metanogênica**.

Na primeira etapa (aeróbica), em presença de oxigênio, a matéria orgânica é oxidada a dióxido de carbono (CO_2) e água com liberação de energia térmica, ou seja, são reações exotérmicas que podem atingir entre 70 e 80 °C.

Quando o oxigênio no local fica reduzido (em processos de acúmulo e soterramento), inicia-se a fase anaeróbia do processo de decomposição, na qual a matéria orgânica ainda presente no material é fermentada pela ação de microrganismos. Nesse processo, geram-se gases como a amônia e o dióxido de carbono, além de alguns ácidos orgânicos resultantes da decomposição incompleta. Esses compostos químicos, então formados, misturam-se à água gerada na própria decomposição e na água proveniente da chuva. O processo anaeróbio, nesse caso, resulta em um líquido escuro com uma acidez (pH de 5,5 a 6,5) que confere agressividade química, facilitando a solubilização de outros contaminantes, como os metais pesados (Baird; Cann, 2011).

Já a terceira etapa do processo de decomposição (metanogênico) tem início entre seis meses e um ano após o aterramento do material. Os microrganismos levam muito tempo para decompor e assimilar os ácidos orgânicos formados na segunda etapa. Os compostos resultantes desse consumo lento da terceira etapa são os gases dióxido de carbono (CO_2) e o metano**** (CH_4). Muitas vezes, são lançados diretamente na atmosfera o CO_2 e o CH_4, gases que contribuem para as mudanças climáticas em razão do elevado potencial de absorção da radiação infravermelha e consequente aquecimento da superfície da Terra (Baird; Cann, 2011).

Diariamente, em lixões e em aterros sanitários, o chorume e o biogás são produzidos. Entretanto, nos aterros sanitários, há estruturas para a minimização dos impactos ambientais (Mancini; Ferraz; Bizzo, 2012), quais sejam:

**** Também conhecido como *biogás* ou *gás do lixo*.

- **Impermeabilização do solo**: Impede que que os líquidos da decomposição sejam percolados e contaminem solo e lençol freático.
- **Tratamento dos líquidos formados na decomposição**: Reduz a contaminação dos recursos hídricos.
- **Coleta de águas pluviais**: Minora o volume de chorume a tratar e permite a coleta de amostras para avaliar possíveis contaminações por falhas no sistema.
- **Direcionamento/tratamento do biogás**: Em alguns aterros, há a possibilidade de utilizar o biogás produzido para a geração de energia elétrica para o funcionamento dos equipamentos do próprio aterro. Estes são os aterros sanitários com mecanismos de desenvolvimento limpo (MDL), que reduzem os gases de efeito estufa (GEE).

Em um primeiro momento, a ocorrência de contaminação, sem mencionar os problemas de vulnerabilidade social, demandam ações urgentes por parte de municípios, estados e da União para extinguir a disposição final de resíduos em lixões. Além disso, é necessário propor políticas que fortaleçam o reaproveitamento e a reciclagem, garantindo o envio aos aterros sanitários somente dos rejeitos. Realizar a disposição final indiscriminada de todo e qualquer tipo de resíduo reduz drasticamente a vida útil desses locais, sobrecarregando os sistemas de tratamento e vulnerabilizando o controle dos impactos ambientais.

Reprocessando as informações coletadas

A disposição final de resíduos sólidos deve ser reduzida ao mínimo. Para isso, é preciso implementar estruturas que viabilizem o reaproveitamento e a reciclagem de materiais. A primeira estrutura envolve a classificação dos materiais. Definida pela PNRS, a classificação pode ser realizada de acordo com a origem ou com a periculosidade. Há, também, as normativas da ABNT para realizar a amostragem e a determinação da classificação de resíduos de acordo com a periculosidade.

    A segregação e a coleta seletiva dos materiais com base nos constituintes principais permitem que os resíduos tenham maior valor agregado, resultando em melhor aproveitamento, já que a mistura de resíduos prejudica e pode até inviabilizar os processos de reciclagem. Na viabilização do reaproveitamento e da reciclagem, a atuação dos catadores é crucial. Entretanto, as condições de trabalho sujeitam esses trabalhadores a uma realidade praticamente subumana para a subsistência. Por fim, quando as estruturas que viabilizam a reciclagem não são implementadas, muitos materiais são encaminhados para a disposição final, o que gera diversos impactos ambientais.

    A realidade dos lixões, que recebem uma grande parcela dos resíduos no Brasil, favorece a contaminação do solo, da água e do ar pela produção do chorume e do biogás. Os subprodutos da decomposição dos resíduos demandam a implementação de estruturas de controle, presentes em aterros sanitários. Além disso, é urgente eliminar a destinação em lixões e propor medidas para minimizar o envio de materiais recicláveis para os aterros sanitários, evitando sobrecarregar os sistemas de tratamento desses locais.

Triagem de conhecimentos

1. A reciclagem é um processo de transformação dos materiais que seriam descartados em produtos que podem ser utilizados. Sobre essa temática, assinale a alternativa correta:
   a) A reciclagem ainda é inviável para as condições produtivas atuais, pois apresenta elevados custos, e a redução dos impactos ambientais é sempre mínima.
   b) A reciclagem é caracterizada como a utilização do que é descartado sem que ocorram modificações físicas, químicas ou biológicas.
   c) A reciclagem secundária é aquela com a qual se obtém o mesmo tipo de produto que deu origem ao material descartado, ou seja, latas de alumínio retornam como latas novas para o uso, por exemplo.
   d) A reciclagem primária é aquela com a qual se obtém o mesmo tipo de produto que deu origem ao material descartado, ou seja, latas de alumínio retornam como latas novas para o uso, por exemplo.
   e) A coleta seletiva é bastante prejudicial à reciclagem, tendo em vista que é necessário investir muitos recursos e que, por outro lado, os benefícios ambientais não são significativos.

2. Classificar os resíduos permite que o processo de gestão seja mais efetivo, evitando a destinação final de materiais. Sobre essa temática, avalie os itens a seguir:

I. A Política Nacional de Resíduos Sólidos (PNRS), apesar de sua importância, ainda não foi efetivada no Brasil. Esse fato está associado à ausência da classificação de materiais nessa lei.
II. Os resíduos sólidos urbanos, segundo a PNRS, são compostos pelos resíduos domiciliares e de limpeza urbana.
III. Em razão da complexidade e dos riscos associados, os resíduos de serviços de saúde são regulamentados por diretrizes específicas determinadas pelo Sistema Nacional do Meio Ambiente (Sisnama) e pelo Sistema Nacional de Vigilância Sanitária (SNVS).

Está(ão) correta(s) apenas a(s) afirmativa(s):
a) I, II e III.
b) I.
c) II e III.
d) I e II.
e) III.

3. A segregação de resíduos sólidos na fonte é uma das estratégias para a viabilização dos processos de reciclagem. A esse respeito, assinale a alternativa correta:
a) Enviar os resíduos misturados para as centrais de triagem é mais vantajoso, pois isso aumenta a viabilidade da reciclagem.

b) Separar (segregar) o resíduo na fonte geradora é inviável, em razão dos custos elevados para a limpeza e a separação dos materiais.

c) O nível de segregação mede o grau de separação dos resíduos: quanto maior é o nível de segregação, mais misturados estão os materiais.

d) Separar os materiais recicláveis na fonte agrega maior valor de venda, além de propiciar a criação de maior número de postos de trabalho.

e) A segregação de resíduos na fonte ainda ocorre em caráter experimental no Brasil, não sendo observados exemplos de aplicação prática.

4. A atividade dos catadores de materiais recicláveis possibilita que os resíduos sólidos sejam reaproveitados ou reciclados. Sobre essa temática, assinale a alternativa correta:

a) Grande parte dos resultados referentes à reciclagem pode ser atribuída à atividade de catadores.

b) A atividade dos catadores é atualmente regulamentada no país, o que garante a esses profissionais boas condições de trabalho.

c) A maioria dos municípios brasileiros dispõe de coleta seletiva, o que facilita muito o trabalho dos catadores.

d) O contexto histórico não tem mais influência nas condições de trabalho enfrentadas pelos catadores na atualidade.

e) Todas as alternativas anteriores estão incorretas.

5. A respeito da disposição final de resíduos sólidos, assinale a alternativa correta:
a) Os lixões são adequados para a destinação de resíduos sólidos, pois têm estruturas para o controle de impactos ambientais.
b) Os aterros sanitários são inadequados para a destinação de resíduos, pois não têm estruturas para o controle de impactos ambientais.
c) No Brasil, ainda não estão em funcionamento aterros sanitários para a destinação de resíduos sólidos.
d) A forma mais adequada de gerenciar os materiais descartados envolve o envio para locais bem afastados dos centros urbanos.
e) Os lixões são inadequados para a destinação de resíduos sólidos, pois não têm estruturas para o controle de impactos ambientais.

Aplicação dos recursos adquiridos

Questões para reflexão

1. A atividade dos catadores representa grande parcela da reciclagem de resíduos considerando-se o volume total coletado no país. Apesar de sua importância, esses trabalhadores ainda vivem à margem da sociedade para conseguir o sustento para suas famílias. Quais são as condições de trabalho dos catadores em seu município?

Existe a possibilidade de associação desses trabalhadores em cooperativas? Como proporcionar condições mais dignas de vida a esses trabalhadores?

2. A disposição final inadequada de resíduos sólidos gera inúmeros impactos ambientais e problemas de saúde pública. Nos municípios brasileiros, é comum nos depararmos com o acúmulo de resíduos em lixões a céu aberto. Essa forma de disposição pode atrair vetores de doenças e contaminar o ar, o solo e a água da região. No município em que você vive, os resíduos são destinados em lixões ou em aterros sanitários? Existe alguma campanha de incentivo para a reciclagem de materiais?

Atividade aplicada: prática

1. Sabendo da importância da coleta seletiva para a implementação dos processos de reciclagem, faça um diagnóstico de como ela é praticada em sua região. Localize o Plano Municipal de Gestão Integrada de Resíduos Sólidos (PMGIRS) do seu município e descreva brevemente como a coleta seletiva é realizada, analise quantos trabalhadores são necessários, quais são os veículos utilizados, como é a abrangência e o tipo de coleta. Ao final do seu descritivo, empreenda uma análise crítica quanto à viabilidade e aplicabilidade do disposto no documento: A coleta seletiva ocorre? Há como determinar os custos aproximados? É necessário ampliar a área de abrangência? Existe viabilidade técnica e financeira para a aplicação? Aproveite para discutir em grupo as conclusões que você obteve com sua análise.

Capítulo 4

Processos de reciclagem do plástico

A partir deste capítulo, detalharemos alguns dos principais resíduos produzidos na atualidade. Especificamente neste capítulo, abordaremos a utilização, as características e os processos de reciclagem aplicáveis ao plástico. Trataremos das principais tecnologias de reciclagem e os equipamentos mais utilizados para essa finalidade. Por fim, comentaremos os principais impactos ambientais resultantes desse processo.

4.1 Histórico do uso do plástico

A utilização dos polímeros é bem antiga. Há evidências do uso de borracha para a confecção de objetos desde 1.600 a.C. As primeiras formas de utilização de materiais poliméricos até o século XIX envolveram aqueles obtidos de fontes naturais, como as ceras e a borracha. Passou a haver maior diversificação a partir da invenção da borracha vulcanizada e do poliestireno, em 1839. Desde então, visando à obtenção de novos produtos, os estudos com polímeros naturais e sintéticos se desenvolveram ao longo de todo o século XIX, resultando na obtenção dos sintéticos policloreto de vinila (PVC) e viscose. Esses materiais são utilizados até hoje para a produção de encanamentos e de tecidos, respectivamente. A diversificação e o sucesso da indústria química voltada aos polímeros começou no século XX, com a criação de uma grande variedade de plásticos (Oliveira, 2012).

Ao final do século XX, surgiu um grande impasse perante os materiais derivados do plástico. Com a expansão da indústria e a infinidade de aplicações em novos produtos, o acúmulo desse material foi inevitável. A durabilidade e o amplo descarte fizeram o plástico se tornar o símbolo de uma sociedade que consumia e descartava em um ritmo intenso. Basta pensar nas embalagens plásticas produzidas para serem utilizadas uma única vez e descartadas em seguida. De fato, o plástico corresponde à maior parte do volume disponível em aterros sanitários e agrava a situação de lixões em todo o país (Baird; Cann, 2011).

Atenção a estas informações!

É comum, ao analisar a literatura a respeito do plástico, encontrar a palavra *polímero*, mencionada inclusive no início deste capítulo. E qual é a relação entre os termos *plástico* e *polímero*? Ambos se referem a um mesmo tipo de material?

Os polímeros são compostos orgânicos de elevado peso molecular, cuja estrutura típica é formada pela ligação química entre unidades moleculares básicas denominadas *monômeros*. Para entender essa definição, recorremos a uma analogia com os trens de carga, nos quais os vagões representam os monômeros, e o trem representa o polímero. Nessa analogia, um polímero (o trem de carga) é um formado pela união de um número variável de unidades básicas, os monômeros (vagões do trem de carga). Na natureza, existem pelo menos três tipos de polímeros: (1) os carboidratos complexos, (2) as proteínas e (3) os ácidos nucleicos (Miller Jr., 2011). A Figura 4.1 apresenta a estrutura polimérica típica de proteínas.

Figura 4.1 – Estrutura polimérica típica de proteínas

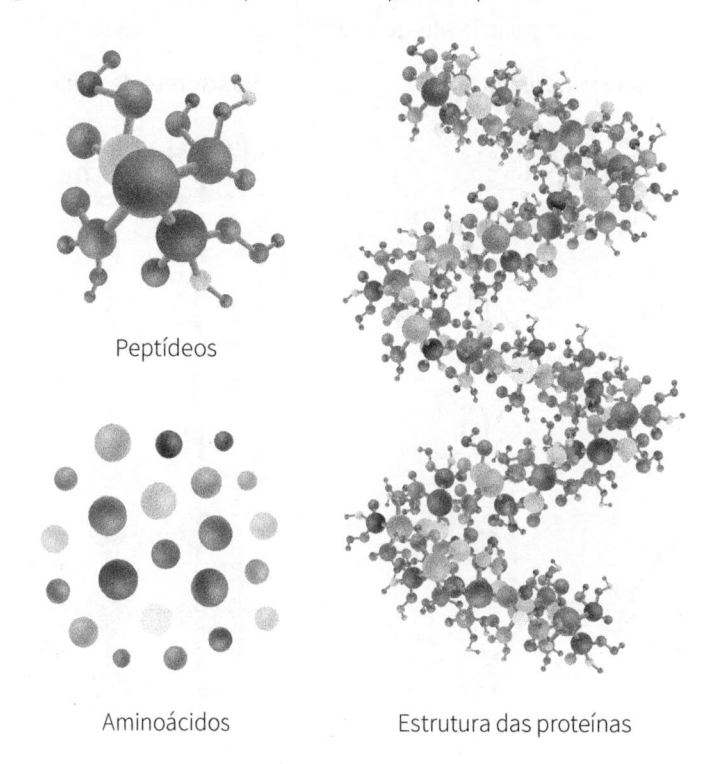

Peptídeos

Aminoácidos   Estrutura das proteínas

Como podemos notar, os aminoácidos (monômeros), por meio de ligações químicas, formam os peptídeos, que, por sua vez, resultam em polipeptídeos, as proteínas (polímero). Os plásticos são projetados e sintetizados utilizando a mesma analogia dos polímeros naturais, ou seja, unindo quantidades variáveis de um mesmo monômero, conforme observamos na Figura 4.2.

Figura 4.2 – Estrutura polimérica do cloreto de vinila e do policloreto de vinila (PVC)

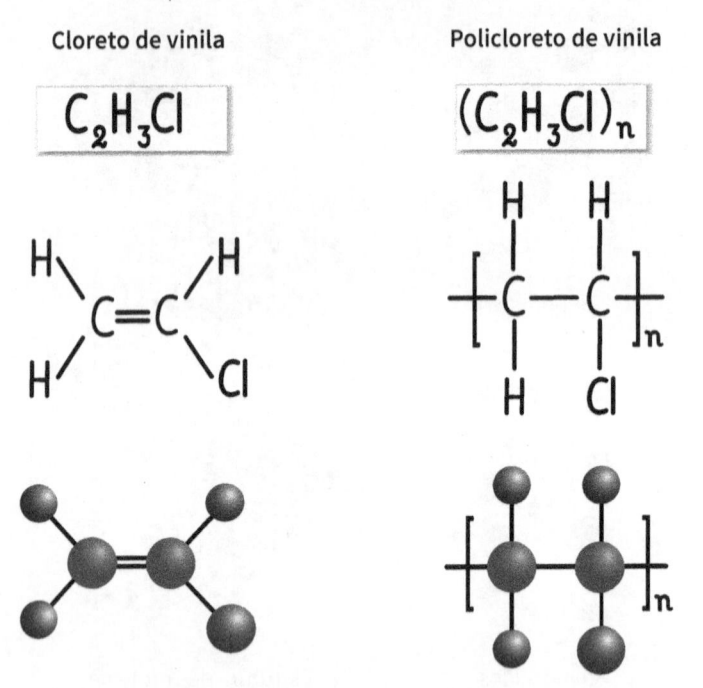

Cloreto de vinila

C_2H_3Cl

Policloreto de vinila

$(C_2H_3Cl)_n$

Bacsica/Shuttestock

A Figura 4.2 apresenta a estrutura típica do PVC, na qual os monômeros de cloreto de vinila são ligados entre si em número variável, resultando no polímero PVC. Logo, os plásticos são polímeros, mas nem todos os polímeros são plásticos.

A reciclagem dos plásticos é uma das alternativas para minimizar a problemática do descarte. Dessa forma, para o planejamento e a implementação da reciclagem, é indispensável conhecer os processos produtivos que dão origem a esses materiais.

4.2 Processo produtivo

Apesar de haver estudos para a produção de plástico a partir de fontes renováveis, sua matéria-prima predominante ainda é o petróleo, recurso natural de fonte não renovável. A produção dos plásticos consome cerca de 8% da produção mundial de petróleo, sendo aproximadamente 4% como matéria-prima e 4% na forma de energia. O processo produtivo se baseia na transformação da fração nafta do petróleo para a obtenção de compostos como eteno, benzeno, isopreno e outros compostos básicos. Com esses compostos básicos são produzidas as resinas, as quais, após passarem por processamento, são empregadas nos mais diferentes materiais plásticos comercializados atualmente (Oliveira, 2012).

A variedade de materiais produzidos à base de plástico demandou uma classificação com base nas propriedades principais. A divisão mais aceita compreende três categorias (Mancini; Ferraz; Bizzo, 2012):

1. **Termoplásticos**: Em temperatura ambiente, essa categoria de plásticos apresenta-se na forma sólida. Com a elevação da temperatura, há um aumento de viscosidade, permitindo a moldagem conforme as características do produto final. Nessa categoria, incluem-se as sacolas plásticas à base de polietileno.

2. **Termofixos**: Diferentemente do comportamento dos termoplásticos, os polímeros termofixos não elevam a viscosidade sob o aumento da temperatura, apresentando estrutura rígida. Como exemplo, podemos citar o baquelite utilizado em cabos de panelas;

3. **Elastômeros**: Tecnicamente, são os polímeros que apresentam temperatura de transição vítrea menor que a temperatura ambiente. Tal propriedade confere a eles a capacidade de retornar à forma original após resistir a elevadas carga e pressão. Nessa categoria, estão as borrachas sintéticas, utilizadas em sistemas mecânicos e hidráulicos.

O processo produtivo geral para os plásticos está resumido esquematicamente na Figura 4.3.

Figura 4.3 – Esquema do processo produtivo de produtos plásticos

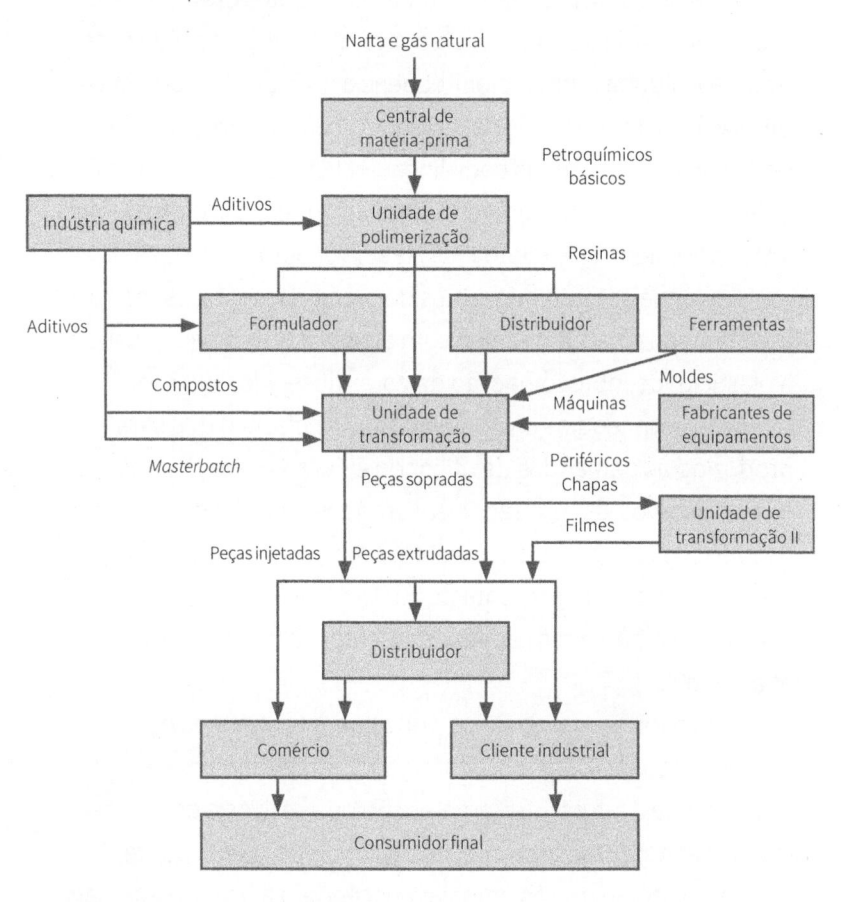

```
                        Nafta e gás natural
                                │
                                ▼
                         ┌──────────────┐
                         │  Central de  │
                         │ matéria-prima│       Petroquímicos
                         └──────┬───────┘       básicos
                                │
  ┌──────────────┐  Aditivos    ▼
  │   Indústria  ├─────────►┌──────────────┐
  │   química    │          │  Unidade de  │
  └──────────────┘          │ polimerização│    Resinas
                            └──────┬───────┘
                ┌──────────────────┼──────────────────┐
  Aditivos      ▼                  ▼                  ▼
  ──────►┌───────────┐      ┌────────────┐     ┌────────────┐
         │ Formulador│      │ Distribuidor│     │ Ferramentas│
         └─────┬─────┘      └──────┬─────┘     └────────────┘
   Compostos   │                   │                Moldes
  ─────────►┌──────────────┐  Máquinas          ┌──────────────┐
            │  Unidade de  │◄──────────         │ Fabricantes de│
  ─────────►│ transformação│                    │  equipamentos │
  Masterbatch└──────┬───────┘    Periféricos    └──────────────┘
                    │            Chapas
              Peças sopradas                    ┌──────────────┐
                    │            Filmes         │  Unidade de  │
                    │           ──────────────► │transformação II│
      Peças injetadas   Peças extrudadas         └──────────────┘
             │          │
             ▼          ▼
         ┌──────────────────┐
         │   Distribuidor   │
         └──────┬───────────┘
                │
       ┌────────┴────────┐
       ▼                 ▼
  ┌─────────┐      ┌──────────────────┐
  │Comércio │      │ Cliente industrial│
  └────┬────┘      └──────┬───────────┘
       ▼                  ▼
  ┌──────────────────────────┐
  │     Consumidor final     │
  └──────────────────────────┘
```

Fonte: Padilha; Bomtempo, 1999, p. 87.

No Brasil, a cadeia produtiva do plástico se inicia nas centrais de matéria-prima, passa pelas empresas produtoras de resinas e finaliza com as empresas transformadoras, que compram as resinas e, por meio de extrusão, injeção, sopro, termoformagem ou rotomoldagem, produzem inúmeros produtos que abastecem clientes industriais e o comércio em geral. As resinas produzidas e comercializadas com maior frequência no Brasil são: polietileno de alta densidade (PEAD); polietileno de baixa densidade (PEBD); polietileno de baixa densidade linear (PEBDL); polipropileno (PP); poliestireno (PS); poliestireno expandido (EPS); policloreto de vinila (PVC); polietileno tereftalato (PET) (Padilha; Bomtempo, 1999).

Também é comum que, antes do processamento, as resinas recebam tratamento químico com alguns aditivos para ajustar a plasticidade, obter o padrão de cores desejado, minimizar os riscos de incêndios etc. para adequar o plástico que será produzido às demandas de utilidade e durabilidade. Muitos desses aditivos são utilizados em grandes quantidades. Um fator de preocupação nesse caso é a utilização de alguns aditivos tóxicos, que podem ser fonte de contaminação se o descarte e a reciclagem não forem adequadamente realizados (Thompson et al., 2009).

Os aditivos são também os principais interferentes nos processos de reciclagem, constituindo um desafio para a viabilidade. Outros interferentes são os adesivos e os revestimentos. Esse aspecto é especialmente preocupante, considerando-se que as embalagens tendem a ficar mais e mais elaboradas e coloridas, demandando maiores quantidades de aditivos. Materiais produzidos a partir da reciclagem de plásticos com interferentes têm baixa resistência ou apresentam toxicidade, inviabilizando determinados usos, como as embalagens de alimentos, as quais não podem ser feitas com plásticos polimerizados com cádmio. Além disso, alguns interferentes podem se decompor em altas temperaturas, gerando gases tóxicos ao longo do processo (Manahan, 2013). Dessa maneira, a segregação na fonte dos materiais plásticos garante maior segurança para uma reciclagem viável do ponto de vista ambiental, social e econômico.

Em razão da grande quantidade e da diversidade de plásticos, as tecnologias de reciclagem devem fazer parte do processo de gerenciamento desses materiais, a fim de que se evite o desperdício de recursos naturais e se minimize a poluição.

Explorando novas matérias-primas

O foco desta obra está nos processos de reciclagem. Por isso, para se aprofundar no conhecimento dos processos produtivos dos plásticos, indicamos a leitura da obra *Tecnologia dos plásticos*.

MICHAELI, W. et al. **Tecnologia dos plásticos**. São Paulo: Blucher, 2018.

4.3 Reciclagem

Em 2018, no Brasil, foram coletadas, por cooperativas de catadores, 11.308 toneladas de resíduos, em cuja composição destaca-se o plástico. Do montante total, destacam-se três tipos principais: 3.208 toneladas de PET, 2.693 toneladas de PEBD e 1.820 toneladas de PEAD. No levantamento, também foi identificado que a mistura entre polipropileno PP e polietileno somou 627 toneladas somente no ano de 2018 (Abrelpe, 2019).

De fato, os termoplásticos ocupam proporcionalmente o maior volume em aterros sanitários e lixões do país. No entanto, sua proporção em massa é bastante reduzida se comparada a outros materiais, como os metais e o vidro. Isso reflete a reduzida densidade que a maioria dos plásticos apresenta. A predominância dos plásticos entre os resíduos sólidos urbanos está na segunda colocação, atrás apenas do papel. Por outro lado, são elevadas as possibilidades de transformação para a reinserção como produtos, conforme é possível verificar na Figura 4.4. Por muito tempo, um dos argumentos contrários à reciclagem dizia respeito ao baixo custo de produção, uma vez que a obtenção de matérias-primas virgens e de insumos para a produção está relacionada ao petróleo, que é relativamente barato. Esse quadro começou a se modificar com a instabilidade nos preços da matéria-prima e as pressões pela legislação ambiental atinente à minimização de impactos ambientais e à redução no uso de fontes de recursos não renováveis (Baird; Cann, 2011).

Figura 4.4 – Plásticos utilizados rotineiramente e exemplos do respectivo uso do material reciclado

Número atribuído à reciclagem	Sigla e nome do plástico	Exemplo de uso do original	Exemplo de uso do reciclado
1	PET Polietileno tereftalato	Garrafas de bebida; frascos de alimentos e produto de limpeza; recipientes de produtos farmacêuticos	Fibras de tapete; material de isolamento; recipientes para não alimentos
2	PEAD Polietileno de alta densidade	Garrafas de leite, suco e água; pote de margarina; sacolas de compras dobráveis	Frascos de óleo e sabão; refugo de latas; sacolas de compras; tubulação
3	PVC Policloreto de vinila	Garrafas de alimentos, águas e produtos químicos; embrulho de alimentos; embalagem tipo bolha; material de construção	Tubulação de drenagem; ladrilhos para piso; cones de tráfego
4	PEBD Polietileno de baixa densidade	Sacos flexíveis para entulho/lixo, leite e alimentos; embalagens e recipientes flexíveis	Sacos para entulho/lixo e produtos alimentícios; tubulação de irrigação; frascos de óleo

(continua)

(Figura 4.4 – conclusão)

Número atribuído à reciclagem	Sigla e nome do plástico	Exemplo de uso do original	Exemplo de uso do reciclado
5	PP Polipropileno	Alças, tampas de garrafas, invólucros e garrafas; pote de alimentos	Componentes de carros; fibras; baldes; recipientes para entulhos
6	PE Poliestireno	Copo de plástico expandido e embalagens; talheres descartáveis; móveis; utensílios domésticos	Isolantes, brinquedos; bandejas; embalagens de amendoim
7	Outros	Vários	Plásticos especiais: postes, cercas e palhetas

Fonte: Baird; Cann, 2011, p. 751.

Quando as estruturas que viabilizam a reciclagem se efetivam, os materiais chegam às recicladoras para serem processados. A matéria-prima para tais empresas são os resíduos plásticos descartados e que são obtidos tanto pelo trabalho de catadores (mais comum no caso de resíduos pós-consumo) quanto pela aquisição direta junto às indústrias (especialmente no caso de resíduos pré-consumo). O plástico reciclado normalmente tem o uso direcionado para a produção de materiais utilizados com finalidades domésticas, tais como baldes, mangueiras e sacos de lixo. Entretanto, o uso é restrito quando a finalidade envolve embalar alimentos, bebidas ou medicamentos e na fabricação de brinquedos. Tal restrição se justifica na medida em que a contaminação e a impossibilidade de identificação da fonte geradora (particularmente entre os resíduos pós-consumo) pode colocar a saúde pública em risco* (Faria; Pacheco, 2011).

Para facilitar a coleta seletiva e a viabilização da reciclagem, os materiais fabricados com plástico recebem uma numeração que permite a identificação do tipo de resina predominante. A Figura 4.5 apresenta a numeração para os plásticos utilizados atualmente.

Figura 4.5 – Numeração dos plásticos utilizados em bens de consumo

1 PET — Polietileno tereftalato
2 PEAD — Polietileno de alta densidade
3 PVC — Policloreto de vinila
4 PEBD — Polietileno de baixa densidade
5 PP — Polipropileno
6 PE — Poliestireno
7 Outros

4LUCK/Shutterstock

---

* Citamos a exceção da reciclagem do PET, que mesmo quando é realizada a partir de resíduos pós-consumo, tem como resultado material que pode ser utilizado para acondicionar bebidas. Obviamente, os processos de separação do resíduo e de limpeza são mais rigorosos em comparação a outros usos. Um dos fatores que possibilita essa utilização para o PET pós-consumo reciclado é a maior facilidade de identificação desse material entre os resíduos, se comparado a outros tipos de plásticos.

Explorando novas matérias-primas

Como expusemos neste capítulo, a segregação dos plásticos é imprescindível para a efetividade dos processos de reciclagem, especialmente a do tipo mecânica. Dessa forma, como é possível reconhecer o tipo de plástico para realizar a separação necessária? Pensando nos desafios que envolvem a separação de plásticos, em 1988, a Society of Plastics Industry Inc. (SPI – Sociedade das Indústrias de Plásticos) – por solicitação de recicladoras, estabeleceu uma simbologia para facilitar o processo. Assim, cada tipo de plástico ao ser fabricado recebe uma identificação contendo numeração de 1 a 7. O PET, o mais comum, recebe o número 1; já os plásticos que ainda apresentam menor potencial para a reciclagem, como é o caso das embalagens de salgadinhos e os CDs, recebem o número 7, sob uma classificação geral denominada "Outros plásticos". Para a compreensão da importância da identificação para a reciclagem dos plásticos, indicamos a leitura do texto "Reciclagem de materiais plásticos: a importância da identificação correta".

COLTRO, L.; GASPARINO, B. F.; QUEIROZ, G. C. Reciclagem de materiais plásticos: a importância da identificação correta. **Polímeros**: Ciência e Tecnologia São Carlos, v. 18, n. 2, p. 119-125, 2008. Disponível em: <https://www.scielo.br/pdf/po/v18n2/a08v18n2.pdf>. Acesso em: 16 dez. 2020.

A reciclagem de materiais plásticos, assim como dos demais materiais, pode ser realizada com resíduos pré-consumo ou pós-consumo. A diferença básica, além da fonte geradora principal, está no nível de complexidade. Os **materiais pré-consumo** são mais parecidos com o material virgem, demandando menor consumo de energia no processo de limpeza e separação, e geralmente têm maior valor de mercado em virtude dessas características. Já o **material pós-consumo** tem elevado potencial de contaminação, não sendo possível identificar a fonte geradora. O processo de separação e limpeza, nesse caso, deve ser mais criterioso, de modo a permitir o menor grau de interferência possível na reciclagem (Fraga, 2014).

A reciclagem dos materiais plásticos pode ser realizada a partir de três tecnologias, quais sejam: (1) mecânica, (2) química e (3) energética.

A tecnologia mais utilizada no Brasil é a reciclagem mecânica, diferentemente do que ocorre na Europa e nos países asiáticos, onde predomina a reciclagem energética. Entre os materiais plásticos descartados em todo o país, aqueles que mais frequentemente são submetidos aos processos de reciclagem são: PEBD, PEAD, PP, PET, PVC e EPS (Oliveira, 2012).

Os equipamentos utilizados para a reciclagem de plásticos variam em função de uma das três tecnologias adotadas para o processamento do material. Mencionaremos, a seguir, os equipamentos da reciclagem mecânica, a mais utilizada no Brasil. Os mais comuns são o **moinho** (Figura 4.6), utilizado para a diminuição de volume dos resíduos, facilitando a granulação. Para a limpeza dos materiais, são utilizados o **tanque de decantação**, a **lavadora** e a **secadora**. No processamento, é comum a presença do **aglutinador**, que aquece o material e resfria-o rapidamente, para agregar as moléculas do polímero e aumentar a densidade – esse processo é realizado como uma alternativa à moagem. Existem, também, equipamentos para incorporar os aditivos. Por fim, na **extrusora de granulação** (Figura 4.7), o plástico já moído ou aglutinado é aquecido de acordo com suas características, com o objetivo de se realizar a fusão. Em seguida, o plástico fundido é moldado na forma de fios denominados "espaguetes" e cortado em grãos, os quais podem ser utilizados na fabricação de novos produtos (Fraga, 2014).

Figura 4.6 – Moinho

Alba_alioth e Matveev Aleksandr/Shutterstock

Figura 4.7 – Extrusora de granulação

Studio 72 e sspopov/Shutterstock

4.3.1 Reciclagem mecânica

A reciclagem mecânica é também conhecida como *reciclagem primária*, no caso de ser realizada com resíduos pré-consumo, e de *reciclagem secundária*, quando aplicada aos resíduos pós-consumo. A maior parte dos resíduos de plásticos produzidos

no Brasil pertence ao grupo dos termoplásticos, ou seja, são materiais que podem ser moldados mediante o aumento de temperatura, possibilitando a aplicação de tecnologias que envolvem o processamento térmico do material. Dessa forma, é justificável que a reciclagem mecânica seja a metodologia mais utilizada para a transformação de resíduos plásticos no país.
Ao chegarem às recicladoras, os plásticos são submetidos a cinco etapas: separação, moagem, lavagem, secagem e processamento (Faria; Pacheco, 2011). A Figura 4.8 apresenta esquematicamente as cinco etapas da reciclagem mecânica.

Figura 4.8 – Fluxograma com as etapas para a reciclagem mecânica de plásticos

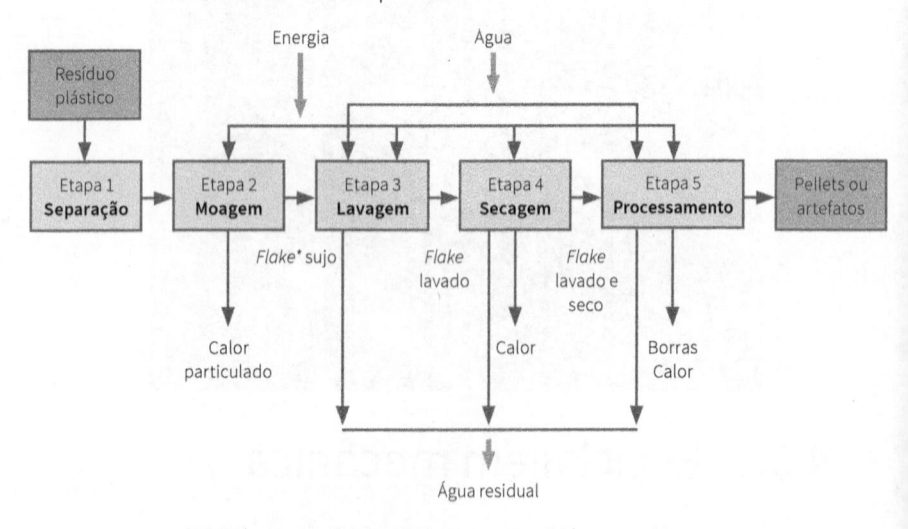

Flake é o termo utilizado para designar o material fragmentado em partes menores

Fonte: Faria; Pacheco, 2011, p. 97.

Observe que, mesmo se tratando de um processo que visa à minimização de impactos ambientais (menor quantidade de materiais enviados para aterros sanitários), para que a reciclagem do plástico seja realizada, utiliza-se água e energia. Por conta disso, é necessário reiterar que a reciclagem deve ser pensada tendo-se em vista a viabilidade ambiental, social e econômica.

As cinco etapas da reciclagem mecânica devem ser aplicadas aos resíduos pós-consumo, que podem apresentar elevado percentual de contaminação. Por outro lado, quando se trata de resíduos pré-consumo, aplicam-se apenas as etapas de moagem (opcional dependendo do material a ser obtido) e processamento (Fraga, 2014).

Hoje em dia, já é possível reciclar pela tecnologia mecânica a maior parte dos plásticos. Entretanto, ainda há vulnerabilidade no setor em razão da contaminação dos materiais, sendo a mais comum aquela existente entre o PET e o PVC. A presença do cloro e a formação do ácido clorídrico (HCl) no processo prejudica a qualidade do PET reciclado, podendo resultar na inviabilidade da reciclagem. Dessa forma, a separação dos resíduos já na fonte ainda é a forma mais segura de garantir que as contaminações não prejudiquem a eficiência do processo (Fraga, 2014).

4.3.2 Reciclagem química

A reciclagem química não é muito utilizada no Brasil e no mundo, em virtude dos elevados custos energéticos, em comparação com outras tecnologias de reciclagem. Por outro lado, é a mais promissora para o plástico, tendo em vista as inúmeras possibilidades que ela proporciona aos resíduos. O futuro dessa técnica está no desenvolvimento de novos catalisadores que permitam a realização da reciclagem utilizando menores quantidades de energia (Garcia; Robertson, 2017).

Essa tecnologia é também conhecida como *reciclagem terciária de plásticos* e envolve a utilização de processos para separar os polímeros em seus monômeros originais ou em fragmentos químicos menores em relação ao polímero original. As possibilidades de uso para os materiais obtidos são ampliadas, variando da produção de novos termoplásticos até a obtenção de combustíveis, já que a matéria-prima original dos plásticos deriva do refino de petróleo. Dentre as vantagens da aplicação do método, é possível citar a qualidade dos produtos finais, muito semelhante à do polímero que deu origem ao resíduo, além da possibilidade da utilização de resíduos com certo grau de contaminação (Camargo, 2019).

A reciclagem química pode ocorrer por dois métodos principais:

1. **Pirólise**: Consiste no uso de elevadas temperaturas para o fracionamento da estrutura molecular do plástico em seus constituintes principais. Esse método é utilizado principalmente para as poliolefinas, ou seja, polímeros que são formados a partir da ligação química entre monômeros simples, como é o caso do polietileno.
2. **Solvólise**: Trata-se de método em que são utilizados diferentes solventes (normalmente, água e/ou álcool) para a separação dos constituintes principais do plástico, pelo processo da despolimerização.

Convém salientar que, para a aplicação desse tipo de reciclagem, é necessária uma quantidade mínima de resíduo para viabilizar a operação. Isso, somado aos gastos energéticos ou com solventes, fez as empresas de reciclagem química na Alemanha e na Inglaterra interromperem as operações. Assim, apesar de promissora, essa tecnologia ainda demanda grande trabalho de pesquisa e desenvolvimento para se consolidar (Fraga, 2014).

4.3.3 Reciclagem energética

A tecnologia de reciclagem energética é utilizada quando são esgotadas as possibilidades de reciclagem por outros métodos ou quando o reaproveitamento do plástico não é mais viável. As possibilidades desse método são reflexo do poder calorífico compatível com o que alguns combustíveis apresentam.

Os resíduos de material plástico são queimados em incineradores, e a energia produzida pode ser utilizada para viabilizar outros processos.

A Tabela 4.1 apresenta a capacidade de gerar calor pela queima de alguns plásticos e combustíveis segundo Fraga (2014).

Tabela 4.1 – Poder calorífico de alguns materiais e algumas substâncias incluindo plásticos

Material plástico e outros	Capacidade calorífica (MJ/kg)
Polietileno (PE)	43,3-46,5
Polipropileno (PP)	46,5
Poliestireno (OS)	51,9

(continua)

(Tabela 4.1 – conclusão)

Material plástico e outros	Capacidade calorífica (MJ/kg)
Querosene	46,5
Petróleo	42,3
Lixo doméstico	31,8

Fonte: Fraga, 2014, p. 65.

Perceba que o poder calorífico do poliestireno (PS), por exemplo, é superior ao do querosene e do petróleo. Logo, o aproveitamento energético nesse caso pode ser vantajoso. Existem, entretanto, outros fatores que determinam a aplicabilidade do aproveitamento energético. Para uma empresa que necessita urgentemente minimizar as emissões de carbono, o método pode não ser vantajoso, pois para que as emissões gasosas sejam reduzidas, é necessário que a taxa de degradação dos resíduos na incineração seja de pelo menos 90%. Atingir essa taxa elevada depende de gastos expressivos com o controle do sistema de queima, além da necessidade de promover o alto controle dos gases formados que apresentam teores de dioxinas e furanos, elementos tóxicos (Santos et al., 2012).

Esse método é bastante utilizado em países como o Japão, que contam com espaço restrito para a disposição final de resíduos, além de apresentarem elevada demanda energética. Entre os principais motivos para a escolha da reciclagem energética estão a necessidade do aumento na vida útil de aterros sanitários e a demanda energética (Fraga, 2014).

Explorando novas matérias-primas

Sobre a reciclagem energética, assista ao vídeo indicado a seguir, da Lipor – Serviço Intermunicipalizado de Gestão de Resíduos do Grande Porto (Portugal) –, que aborda brevemente o aproveitamento energético de resíduos sólidos em cidades portuguesas.

AVALER – Valorização Energética. (3 min.) Disponível em: <https://www.youtube.com/watch?v=S5KJmB1o1Rk;ns0=1#t=12>. Acesso em: 21 dez. 2020.

4.4 Impactos ambientais da reciclagem do plástico

Não há como determinar qual é a tecnologia que gera o menor impacto ambiental para a reciclagem dos plásticos, pois cada uma das técnicas se apresenta como possibilidade para minimizar os efeitos da disposição final de resíduos. Cada realidade precisa ser cuidadosamente avaliada, tendo em vista que a exigência de transporte, energia, distância de centros urbanos etc. influencia na viabilidade e nos resultados do processo.

Em relação à disposição final, a reciclagem proporciona maiores vantagens ambientais. Dessa forma, entre dispor ou reciclar, a opção deve ser esta última. Entre as desvantagens para cada método a serem consideradas, estão a geração de gases de efeito estufa (GEE) para a reciclagem energética, a necessidade de disposição final para os novos resíduos gerados na reciclagem mecânica, e a geração de novos resíduos contendo solventes para a reciclagem química (Fraga, 2014).

Diante do exposto, podemos concluir que escolher a tecnologia de reciclagem mais adequada envolve o conhecimento dos materiais descartados, de forma a permitir a adoção da melhor tecnologia disponível para a realidade da empresa que pretende reciclar.

Reprocessando as informações coletadas

O plástico é um dos materiais predominantes entre os resíduos sólidos urbanos. Ele apresenta uma baixa densidade e, portanto, ocupa elevado volume em locais de disposição final de resíduos.

Os impactos ambientais do descarte desse material foram intensificados no final do século XX, em decorrência do aumento na diversidade e na produção.

Os plásticos são materiais produzidos a partir do petróleo e classificados de acordo com suas propriedades físicas em: termoplásticos, termofixos ou elastômeros. Representam o segundo material mais coletado entre os resíduos e necessitam de um gerenciamento adequado para serem reaproveitados ou reciclados. Neste último caso, podem ser submetidos a uma dessas três tecnologias: reciclagem mecânica, reciclagem química e reciclagem energética.

A primeira delas, em razão da predominância dos termoplásticos, é a tecnologia mais adotada para o reprocessamento do plástico no Brasil. Um fator que desfavorece as tecnologias de reciclagem reside na contaminação (mistura ou presença de componentes tóxicos) entre diferentes tipos de plástico, o que reduz drasticamente a eficiência do processo, chegando até a inviabilidade, a depender do grau de contaminação.

Mesmo com menores danos ambientais, se compararmos com a disposição final em aterros e lixões, as tecnologias de reciclagem podem gerar gases de efeito estufa (GEE) e novos resíduos. Dessa forma, a aplicação deve ser tecnicamente planejada considerando-se a viabilidade ambiental, social e econômica.

Triagem de conhecimentos

1. O plástico é um dos materiais predominantes entre os resíduos sólidos urbanos. A respeito dessa temática, analise as assertivas a seguir:

    I. Os plásticos são polímeros formados pela ligação química entre um número variável de unidades moleculares semelhantes, denominadas *monômeros*.

    II. Ainda não há tecnologias disponíveis para reciclar os plásticos; portanto, a única alternativa no final da vida útil desses materiais é a destinação em lixões.

III. O uso do plástico é ainda bastante restrito no mundo, tendo em vista que suas características dificultam o desenvolvimento de novos produtos.

IV. A classificação quanto às características mais aceita divide os plásticos em três categorias: termoplásticos, termofixos e elastômeros.

Está(ão) correta(s) apenas a(s) afirmativa(s):

a) I, II e III.
b) I e IV.
c) II.
d) II, III e IV.
e) I, III e IV.

2. O descarte de materiais plásticos em aterros sanitários reduz a vida útil desses locais em virtude do volume de tais materiais. Dessa forma, a reciclagem é uma das possibilidades para a minimização desse problema. Sobre essa temática, assinale a alternativa correta:

a) Reciclar plásticos é uma atividade que não apresenta viabilidade técnica, em razão da inexistência de tecnologias.
b) A presença dos aditivos nas resinas, que são utilizadas na fabricação dos plásticos, não interfere na reciclagem.
c) Os termoplásticos ocupam proporcionalmente o maior volume em aterros sanitários e lixões do país.
d) Os plásticos termofixos ocupam proporcionalmente o maior volume em aterros sanitários e lixões do país.
e) Os elastômeros ocupam proporcionalmente o maior volume em aterros sanitários e lixões do país.

3. Sobre a reciclagem mecânica de plásticos, analise os itens a seguir:

   I. A reciclagem mecânica ainda é bastante restrita no Brasil, pois a maior parte dos resíduos plásticos pertence aos termoplásticos, cujas características inviabilizam a utilização dessa tecnologia.
   II. Ao chegarem às recicladoras, os plásticos podem ser submetidos a até cinco etapas: separação, moagem, lavagem, secagem e processamento.
   III. Mesmo os resíduos pré-consumo, que apresentam menor contaminação, devem obrigatoriamente passar pelas cinco etapas da reciclagem mecânica.

   Está(ão) correta(s) apenas a(s) afirmativa(s):
   a) I, II e III.
   b) III.
   c) II.
   d) II e III.
   e) I e III.

4. A reciclagem do plástico pode ser realizada recorrendo-se a três tecnologias: reciclagem mecânica, reciclagem química e reciclagem energética. Sobre essa temática, assinale a alternativa correta:
   a) A reciclagem química, também conhecida como *reciclagem terciária*, envolve a separação dos polímeros em seus monômeros originais.

b) A reciclagem mecânica, também conhecida como *reciclagem terciária*, envolve a separação dos polímeros em seus monômeros originais.
c) A reciclagem energética, também conhecida como *reciclagem primária*, envolve o aquecimento do plástico para possibilitar a remoldagem.
d) A reciclagem química, também conhecida como *reciclagem primária*, envolve o aquecimento do plástico para possibilitar a remoldagem.
e) Todas as alternativas anteriores estão incorretas.

5. A respeito dos impactos ambientais resultantes da reciclagem do plástico, assinale a alternativa correta:
   a) A reciclagem do plástico é um processo benéfico para as questões ambientais; portanto, não gera impactos.
   b) A reciclagem energética é a única tecnologia que não resulta em impactos ambientais; portanto, deve sempre ser priorizada.
   c) A exigência de transporte e de energia e a distância de centros urbanos não influenciam na viabilidade da reciclagem dos plásticos.
   d) A exigência de transporte e de energia e a distância de centros urbanos influenciam na viabilidade da reciclagem dos plásticos.
   e) Todas as alternativas anteriores estão incorretas.

Aplicação dos recursos adquiridos

Questões para reflexão

1. Você já parou para pensar em quantos tipos diferentes de plástico as atividades humanas demandam? Em sua casa, por exemplo, quantos tipos de materiais plásticos você já descartou no dia de hoje? Qual foi o volume desse material descartado?

2. O trabalho das cooperativas de catadores favorece a separação do plástico e permite que a reciclagem tenha maior eficiência. Entre em contato com uma cooperativa ou diretamente com um catador de materiais recicláveis e, com base nas informações obtidas, indique qual é o tipo de plástico que predomina entre os materiais coletados. As recicladoras são próximas ao local de coleta?

Atividade aplicada: prática

1. Uma temática importante quando tratamos das questões ambientais relacionadas aos plásticos é a presença dos microplásticos no ambiente. Optamos por não abordar essa temática neste capítulo para que você tenha a oportunidade de pesquisar sobre ela. Dessa forma, faça um resumo com os pontos principais a respeito dos microplásticos, contendo as seguintes informações: Como surgem? Quais são os problemas ambientais relacionados? Como minimizar tal problemática? Quais são os ambientes naturais mais afetados? Após a elaboração do seu resumo, discuta com colegas os pontos levantados.

Capítulo 5

Reciclagem do papel

Um dos materiais mais antigos produzidos pelos seres humanos é o papel. Tendo atravessado a história de muitas civilizações, ele evoluiu à medida que a escrita e as formas de comunicação também foram aprimoradas. Neste capítulo, versaremos sobre o histórico e as características principais desse material. Também explicaremos as etapas necessárias para que a madeira seja processada e resulte nos diferentes tipos de papéis. Todos esses aspectos serão a base para a compreensão sobre a reciclagem e as questões ambientais relacionadas ao papel.

5.1 Histórico do uso do papel

O papel é um material utilizado há muito tempo pelas civilizações humanas, tendo origem provável no ano de 105 d.C., graças ao chinês T'sai Lun. Os primeiros papéis eram resultado do processamento de fibras vegetais diversas. O oficial da corte chinesa deixava os vegetais na água e, após algum tempo, batia a mistura para que se soltassem as fibras, com a intenção de que estas ficassem dispersas na água. O papel era, então, finalizado quando essa massa era disposta em moldes planos e porosos (Hunter, 1947).

O desenvolvimento das técnicas de obtenção do papel está diretamente relacionado à evolução da escrita. Inicialmente, materiais como pedras, cerâmicas, madeiras, ossos etc. eram utilizados para o registro de informações. Com o desenvolvimento do papiro, a forma primitiva do papel, tornou-se possível fazer o registro de informações de maneira mais eficiente, sendo que até a atualidade o papel é o material mais utilizado para tal finalidade (Sousa et al., 2016).

Um dos principais produtos da indústria madeireira, que conta com tecnologias avançadas para a remoção da celulose, o papel é composto por fibras celulósicas compactadas. A fabricação dessas fibras depende da extração da lignina presente na madeira por meio de processos que utilizam sulfito e materiais alcalinos. A remoção da lignina, por sua vez, torna o processo produtivo do papel uma atividade com elevado potencial para a poluição (Manahan, 2013).

Esse material é utilizado para as mais diversas finalidades, como escrita, divulgação, publicações, absorção de umidade etc. Tantas finalidades distintas demandam também características técnicas específicas para cada uso, sendo necessário que ao longo do processo de produção sejam acrescidos revestimentos, pigmentos ou aditivos. As modificações realizadas na pasta celulósica permitem inúmeros usos distintos para esse material.

Uma das propriedades importantes do papel é sua gramatura, que indica a massa (em gramas) que 1 m^2 de determinado papel apresenta. Dessa forma, papéis com maiores gramaturas apresentam maior espessura e, consequentemente, maior resistência. A gramatura é, inclusive, um dos critérios para a escolha por determinado papel. Folhas utilizadas apenas para a escrita a lápis ou caneta não demandam elevadas gramaturas; já aqueles empregados em em trabalhos artísticos que envolvem o uso de tintas precisam de uma resistência suficiente para que não se rompam ao entrar em contato com a umidade da tinta. Por isso, a gramatura, nesse caso, deve ser superior (normalmente, acima de 120 g/m^2). Em virtude das especificações técnicas para cada tipo de papel, eles são classificados em cinco categorias principais (IBÁ, 2019):

1. **Papéis para imprimir e escrever**: Nessa categoria estão o papel para jornal, *offset*, couché e o papel reciclado (que contém pelo menos 25% de aparas de papel pós-consumo).
2. **Papéis para embalagem**: São os papéis ondulados (papelão marrom), *kraft*, seda etc.
3. **Papéis sanitários**: Correspondem a papel higiênico, guardanapos, papel-toalha etc.
4. **Papel-cartão**: Pode ser cartolina ou papel-cartão.
5. **Papéis especiais**: Abrangem papel filtrante, crepado, autoadesivo, metalizado.

Entre as categorias fabricadas no Brasil, predominam o papel-embalagem, seguido dos papéis para imprimir e escrever, conforme é possível observar no Gráfico 5.1.

Gráfico 5.1 – Panorama da produção de papéis por tipo no ano de 2019 no Brasil

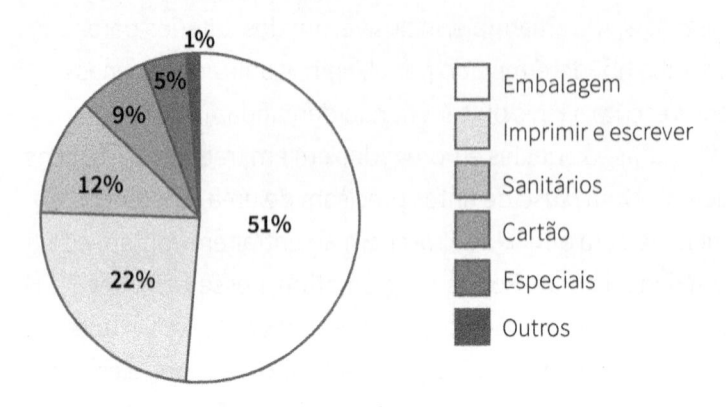

- Embalagem: 51%
- Imprimir e escrever: 22%
- Sanitários: 12%
- Cartão: 9%
- Especiais: 5%
- Outros: 1%

Fonte: Elaborado com base em IBÁ, 2020.

Os papéis mais produzidos no país são também a maior parte dos materiais coletados para a reciclagem. Sob essa perspectiva, o conhecimento da produção e da comercialização diz muito a respeito dos resíduos produzidos e fornece dados importantes para o planejamento dos processos de reciclagem.

Explorando novas matérias-primas

Para saber mais a respeito dos produtos obtidos a partir da madeira, entre eles o papel, acesse o *site* da Indústria Brasileira de Árvores (IBÁ). Na página, são publicados relatórios anuais sobre a evolução do setor da madeira, incluindo o papel e a celulose, além de ações realizadas no sentido de minimizar os danos socioambientais gerados pelas atividades da indústria madeireira.

IBÁ – Indústria Brasileira de Árvores. Disponível em: <https://www.iba.org>. Acesso em: 16 dez. 2020.

5.2 Processo produtivo

A pasta celulósica, componente principal do papel, pode ser obtida pelo processamento da madeira ou pela utilização de aparas*, no caso do papel reciclado. Está presente na fibra dos vegetais em concentrações que variam entre espécies e entre fases do ciclo de vida, sendo um polissacarídeo constituído por unidades de glicose que se relacionam por ligações químicas.

Outro elemento trabalhado na indústria do papel é a lignina, um composto de constituição química complexa responsável por conferir rigidez aos vegetais. Depois da celulose, a lignina (formada basicamente por fenilpropano) é o componente de maior concentração nos tecidos vegetais e é produzida durante o crescimento da planta, representando até 30% de sua massa. A obtenção da pasta celulósica envolve a separação dos componentes vegetais, especialmente a lignina, de forma a obter um material com maior concentração de celulose possível (Gonçalves, 2007).

A produção do papel com o uso de fibras vegetais engloba processos químicos e/ou mecânicos. A Figura 5.1 apresenta os principais processos produtivos para a obtenção do papel.

---

* Inicialmente, o termo *apara* era utilizado para definir os restos de papel, caracterizados por se apresentarem fragmentados, resultantes do processamento da indústria e de gráficas. Atualmente, o termo se refere a todos os papéis que são enviados para a reciclagem.

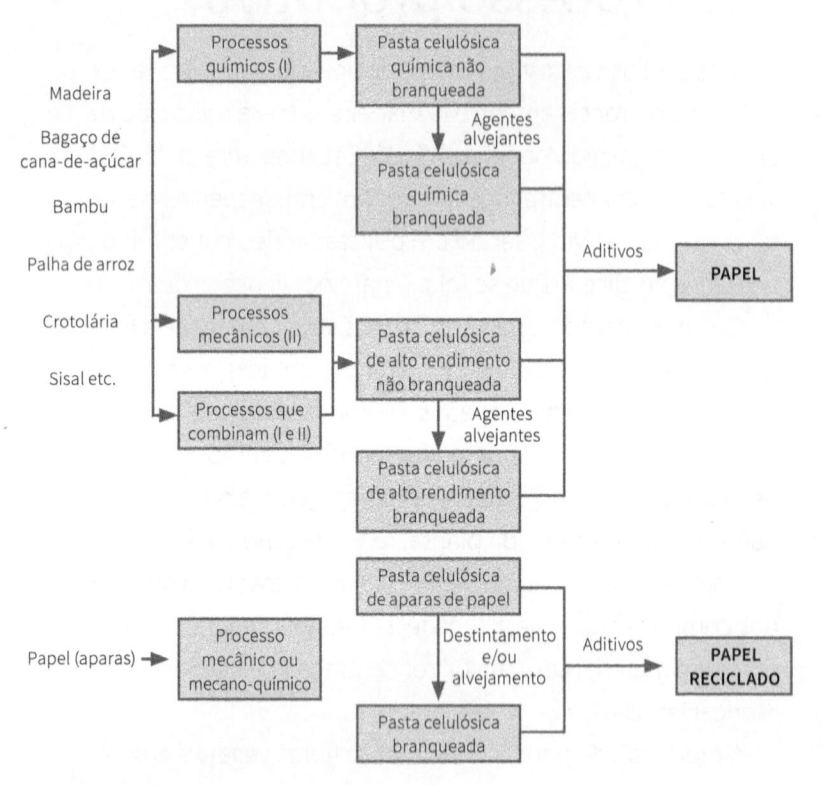

Figura 5.1 – Fluxograma de produção do papel

Madeira
Bagaço de cana-de-açúcar
Bambu
Palha de arroz
Crotolária
Sisal etc.

→ Processos químicos (I) → Pasta celulósica química não branqueada → (Agentes alvejantes) → Pasta celulósica química branqueada

→ Processos mecânicos (II)
→ Processos que combinam (I e II) → Pasta celulósica de alto rendimento não branqueada → (Agentes alvejantes) → Pasta celulósica de alto rendimento branqueada

→ Aditivos → **PAPEL**

Papel (aparas) → Processo mecânico ou mecano-químico → Pasta celulósica de aparas de papel → Destintamento e/ou alvejamento → Pasta celulósica branqueada → Aditivos → **PAPEL RECICLADO**

Fonte: Cempre, 2018, p. 122.

A separação da celulose é chamada na indústria do papel de *polpação* (obtenção da polpa). No processo de **polpação mecânica**, as fibras vegetais (normalmente, provenientes da madeira do eucalipto) são submetidas a intensas forças de corte e aumento de pressão, para que as ligações entre as fibras se rompam. O atrito entre a madeira, as ferramentas de corte e as superfícies abrasivas do equipamento propicia a separação das fibras. A polpação mecânica demanda um elevado consumo de energia em relação a outros métodos (Gonçalves, 2007). O método mais utilizado atualmente na fabricação do papel é a **polpação química**. A obtenção da celulose, nesse caso, abrange a utilização de substâncias ácidas ou alcalinas, para a separação da lignina das fibras vegetais. Os métodos de polpação química podem ser classificados em **sulfito** e *kraft*.

No método sulfito, a madeira passa por uma etapa de amaciamento e cozimento em meio ácido (soluções de ácido sulfuroso) no qual a lignina e outros compostos indesejáveis são eliminados por degradação. A polpa celulósica formada apresenta maior alvura, se comparada àquelas obtidas por outros métodos, economizando insumos e energia na etapa do branqueamento. O uso do processo sulfito foi gradativamente reduzido em razão do licor residual (mistura complexa entre lignina, compostos vegetais e substâncias ácidas) de difícil tratamento e com elevado potencial para contaminar o ambiente.

Já o método *kraft* envolve a utilização de solução alcalina para a separação da lignina das fibras vegetais e obtenção da celulose. Pelo menos 60% de toda a produção mundial de polpa resulta desse método. Entre suas principais vantagens, além de gerar um licor menos complexo em relação ao método sulfito, estão a obtenção de elevada alvura e uma maior flexibilidade de aplicação, já que o número de espécies vegetais que podem ser utilizadas é maior. Outra variação para a obtenção da polpa celulósica está nos métodos semiquímicos, que combinam técnicas entre as polpações mecânica e química (Gonçalves, 2007).

A escolha do método de polpação depende da finalidade e das características técnicas desejadas para o papel a ser obtido. Além disso, considerando as características finais necessárias, podem ser adicionados revestimentos e outros aditivos para obter a resistência, a cor e as porosidades necessárias para cada finalidade. A polpa celulósica é prensada e seca para produzir o papel ao final (Cempre, 2018).

A indústria do papel e da celulose, apesar de todas as medidas para a minimização de impactos, gera resíduos perigosos e que precisam de tratamento antes do descarte. Ainda, há um elevado consumo de madeira e de áreas para o plantio de árvores. Nesse contexto, a reciclagem é uma opção valiosa para minimizar os danos ao ambiente.

5.3 Reciclagem

O papel (ao lado do metal) é o material que há mais tempo é reciclado no Brasil – desde 1930. A maior parte dos tipos de papel é potencialmente reciclável, excetuando-se apenas os sanitários e aqueles para finalidades especiais, como as lixas e os papéis de parede. Ao longo da década de 1980, no mundo todo foi registrado um aumento de 40% na produção de papéis, ao passo que a coleta para a reciclagem cresceu 78%. Especificamente na América Latina, o crescimento da coleta foi de 46% (Macedo; Valença, 1995). Mesmo com a digitalização de dados, o papel é ainda o material mais utilizado para o registro de informações. Prova disso é o consumo crescente de papel, especialmente no final do século XX (Sousa et al., 2016).

O papel é o material predominante entre os resíduos recicláveis coletados no Brasil. Para se ter uma ideia, no ano de 2018, as cooperativas de catadores recuperaram, entre os resíduos sólidos urbanos, cerca de 43.571 toneladas de papel em um volume total de resíduos recuperados de 67.048 toneladas. Entre os três tipos de papel mais frequentemente recuperados, predomina o papelão marrom, com 25.012 toneladas, seguido do papel branco, com 8.467 toneladas, e da mistura (jornais, revistas e papéis mistos), com 5.709 toneladas (Abrelpe, 2019).

O processo de reciclagem do papel, incluindo o ondulado (papelão), difere dos processos a que são submetidos outros materiais, pois as propriedades físico-químicas permitem desintegrá-lo em água. De maneira geral, aos resíduos de papel se adiciona água, formando uma polpa que, após aquecida, prensada e seca, resulta no papel reciclado.

É interessante observar que a celulose é uma substância pertencente à categoria de polímero natural. Assim como os polímeros sintéticos (grupo dos plásticos), essa substância perde gradativamente a qualidade conforme é reprocessada. A perda de qualidade do papel reflete a impossibilidade de manter as moléculas poliméricas intactas após o processamento que ocorre durante a reciclagem (Mancini; Ferraz; Bizzo, 2012).

Uma das vantagens principais da reciclagem do papel é a minimização do uso de madeira. Além disso, observa-se também menor geração de resíduos e menor consumo de energia e água. Entre os agentes mais importantes para as empresas recicladoras de papel são as cooperativas e os catadores de materiais recicláveis. O material é, então, encaminhado para empresas aparistas, que fazem a prévia trituração do resíduo e classificam e organizam as aparas em fardos para a venda às recicladoras (Barbosa; Ibrahin, 2014).

Explorando novas matérias-primas

Conhecer o material e o ciclo de vida, desde a extração das matérias-primas até a geração dos resíduos, possibilita tomar as decisões mais adequadas para o gerenciamento dos resíduos sólidos. Com a finalidade de estimar os impactos ambientais relacionados aos processos produtivos, mencionamos a avaliação do ciclo de vida (ACV) dos produtos como uma ferramenta promissora. Nesse sentido, é possível obter informações importantes a respeito da reciclagem do papel ao recorrer à ACV, já que, como qualquer outro processo produtivo, a reciclagem do papel gera impactos que precisam ser estimados entre os cálculos de viabilidade. Para entender como a ACV pode ser aplicada à reciclagem do papel, indicamos a leitura do texto "Avaliação do ciclo de vida da coleta seletiva de papel e papelão no núcleo do Bessa, município de João Pessoa (PB), Brasil".

NOBREGA, C. C. et al. Avaliação do ciclo de vida da coleta seletiva de papel e papelão no núcleo do Bessa, município de João Pessoa (PB), Brasil. **Engenharia Sanitária e Ambiental**, Rio de Janeiro, v. 24, n. 5, p. 875-886. set./out. 2019. Disponível em: <https://doi.org/10.1590/s1413-41522019197802>. Acesso em: 16 dez. 2020.

Na reciclagem, as aparas servem de matérias-primas na produção de novos papéis. Assim como no caso dos demais materiais, é possível realizar a reciclagem dos resíduos pré--consumo e pós-consumo. Grande parte dos resíduos de papel é utilizada para a fabricação de papéis ondulados (papelão) e *kraft*, utilizados, por exemplo, em caixas para acondicionamento e transporte de produtos. Para que o processo de reciclagem seja viável, é necessário observar características como os teores de umidade, além de realizar a prévia separação entre os papéis brancos e aqueles que contêm pigmentos. Além disso, alguns tipos de papel ainda não são reciclados em virtude da inviabilidade de aplicação das tecnologias existentes, como o papel vegetal, papéis impregnados com substâncias impermeáveis, papel-carbono, papéis sanitários usados, papeis sujos com gordura ou produtos químicos (Cempre, 2018).

O processo de reciclagem das aparas, de modo geral, assemelha-se ao processo produtivo convencional, conforme é possível observar na Figura 5.2.

Figura 5.2 – Detalhamento do processo de reciclagem do papel

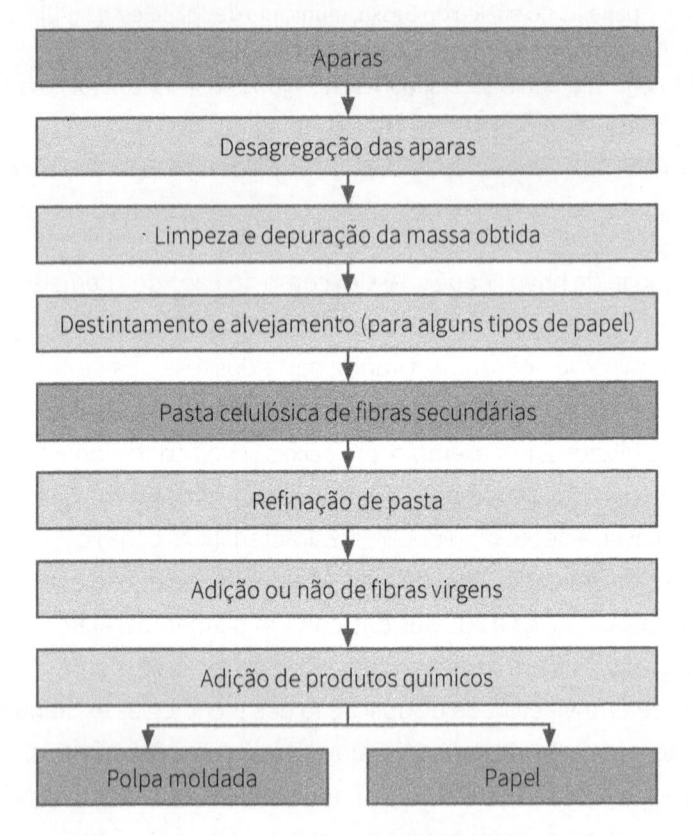

```
                    Aparas
                      ↓
          Desagregação das aparas
                      ↓
        Limpeza e depuração da massa obtida
                      ↓
   Destintamento e alvejamento (para alguns tipos de papel)
                      ↓
        Pasta celulósica de fibras secundárias
                      ↓
              Refinação de pasta
                      ↓
          Adição ou não de fibras virgens
                      ↓
           Adição de produtos químicos
                   ↓        ↓
         Polpa moldada    Papel
```

Fonte: Cempre, 2018, p. 129.

Vale ressaltar que, ao utilizar as aparas como matéria-prima, é necessário realizar uma etapa de limpeza. Ainda, em virtude de algumas contaminações com pigmentos no material descartado, é preciso proceder novamente ao branqueamento, agora denominado *destintamento*. Em razão da perda das características da fibra de celulose, a reciclagem não pode ser realizada indefinidamente. É possível fazer o processamento de sete a dez vezes sem que ocorra a perda das propriedades do papel reciclado. A fim de evitar certas fragilidades, é recomendável adicionar fibras virgens antes dos aditivos químicos (Cempre, 2018).

Quando se trabalha com reciclagem de materiais, é preciso estar atento às mudanças pelas quais o setor passa, porque o desenvolvimento de novas tecnologias é contínuo. Papéis até então considerados não recicláveis podem entrar para a lista daqueles passíveis de retornar ao ciclo produtivo, como ocorreu com as embalagens do tipo longa vida, compostas de papel cartonado.

A Figura 5.3 indica o processo de reciclagem das embalagens do tipo longa vida. A reciclagem desse material, muito utilizado na indústria de alimentos em razão do seu elevado poder de conservação, foi considerada por muito tempo desafiadora. A inviabilidade inicial era promover a separação dos constituintes da embalagem, fabricada com camadas intercaladas de papel, alumínio e revestimento de polietileno. Porém, o desenvolvimento de processos e equipamentos com essa finalidade superou esse obstáculo inicial. Assim, após a separação, o papel é normalmente utilizado na fabricação de caixas de papelão, e o composto de alumínio e polietileno segue para a fabricação de telhas, revestimentos e artigos de utilidade doméstica (Neves, 1999).

Figura 5.3 – Processo de reciclagem do papel cartonado em embalagens do tipo longa vida

Fonte: Cempre, 2018, p. 130.

As tecnologias atuais para a reciclagem do papel oferecem benefícios significativos na minimização de impactos ambientais. Segundo algumas estimativas, é possível reduzir em até 74% o consumo de energia ao utilizar aparas como matérias-
-primas em substituição a recursos virgens. Além disso, pode-se reduzir em até 58% o uso de água, em 74% a poluição do ar e em 35% a poluição da água. Obviamente, tais índices devem ser considerados somente como elementos de comparação entre o processo convencional e aquele que utiliza aparas, pois ambos podem variar dependendo de fatores como a região em que a reciclagem ocorre, o índice de segregação dos resíduos, a distância para o transporte dos materiais etc. Dessa forma,

o planejamento e os cálculos de viabilidade devem ser realizados tendo em conta a realidade da região em que se pretende implantar a reciclagem do papel (Cempre, 2018).

5.4 Impactos ambientais da reciclagem do papel

A motivação para desenvolver a reciclagem do papel estava relacionada a questões econômicas: alguns países nos quais era inviável o o plantio de árvores para a produção começaram a utilizar aparas de papel de nações que dispunham de suas próprias florestas. Utilizar as aparas, uma fonte de matéria-prima mais barata, propiciou a produção de materiais de adequada qualidade. Atualmente, as questões econômicas também predominam na escolha por um processo de reciclagem. Entretanto, a associação com as preocupações ambientais conferiu um novo contexto para reinserir aparas aos processos produtivos (Gonçalves, 2007).

Como já mencionamos, a reciclagem, assim como outros processos produtivos, gera novos impactos ambientais e que precisam ser considerados. No caso do papel, uma das principais limitações é o alto consumo de energia para a transformação de aparas em produtos, pois muitas vezes é necessário incluir nesse processo etapas de limpeza e de secagem. Outro impacto ambiental significativo é a geração de gases de efeito estufa (GEE), caso a matriz energética utilizada para a produção e a reciclagem esteja baseada na queima de combustíveis fósseis. Em alguns casos, pode ser interessante realizar a reciclagem por meio do aproveitamento energético das aparas. Nesse caso, as emissões podem ser compensadas, uma vez que, utilizando as aparas, menores quantidades de combustíveis fósseis são necessárias (Byström; Lönnstedt, 1997).

Na indústria do papel reciclado, também existem os desafios dos efluentes**, produzidos em grandes quantidades. Tipicamente, essas águas residuárias apresentam elevada concentração de matéria orgânica, a qual precisa ser tratada antes do descarte. A elevada demanda química de oxigênio (DQO) é fruto dos materiais vegetais diluídos em soluções normalmente alcalinas. O tratamento desse material envolve a neutralização prévia seguida de processos físico-químicos e/ou tratamento biológico. Uma alternativa recente para os efluentes da reciclagem do papel consiste nos tratamentos anaeróbios, que geram menores quantidades de lodo e, ao mesmo tempo, permitem a utilização do biogás produzido para a geração de energia para a própria empresa (Bakraoui et al., 2020).

Apesar de gerar novos impactos ambientais, a prática da reciclagem do papel ainda apresenta boas possibilidades de compensação dos danos causados, especialmente na minimização do descarte.

** *Efluente* é o termo que designa as águas residuárias, de esgoto industrial, cuja contaminação é decorrente das etapas do processo produtivo. Cada atividade produz um tipo de efluente com características próprias de contaminação, dependendo das matérias-primas e dos insumos utilizados.

Reprocessando as informações coletadas

Um dos materiais mais antigos produzidos pelo ser humano, o papel há muito tempo faz parte das atividades cotidianas. Produzido a partir de fibras vegetais, ele é um dos principais produtos da indústria madeireira. Existem diversos tipos de papel, fabricados para atender às demandas de uso por meio de especificações técnicas, como a gramatura.

Sob essa ótica, são cinco os tipos de papel produzidos no Brasil: (1) para imprimir e escrever; (2) para embalagem; (3) sanitário; (4) papel-cartão; e (5) especiais. A separação da celulose das fibras vegetais é realizada por meio de processos mecânicos, químicos ou semiquímicos, sendo o objetivo retirar a lignina e outros compostos vegetais que reduzem a qualidade do material.

A reciclagem pode ser aplicada a resíduos pré-consumo ou pós-consumo, sendo fundamental promover a separação a fim de minimizar os problemas de eficiência. A reciclagem do papel, assim como de outros resíduos, gera novos impactos ambientais e que precisam ser considerados. Os principais são o elevado consumo de energia, a geração de gases de efeito estufa (GEE) e a produção de efluentes com elevadas concentrações de matéria orgânica.

Quando esse processo é corretamente planejado e tecnicamente pensado sob os aspectos da viabilidade, a reciclagem do papel apresenta boas possibilidades de compensação dos danos que poderiam ser causados pelo descarte.

Triagem de conhecimentos

1. O papel é o material predominante entre os resíduos sólidos urbanos coletados para a reciclagem. A respeito desse material, analise as assertivas a seguir:

    I. O papel é composto de fibras celulósicas compactadas.
    II. A remoção da lignina torna o processo produtivo do papel uma atividade com elevado potencial para a poluição.
    III. O tipo de papel mais encontrado entre os resíduos sólidos urbanos é o papelão marrom.

    Agora, assinale a alternativa que apresenta todas as proposições corretas:

    a) I, II e III.
    b) III.
    c) II.
    d) II e III.
    e) I e III.

2. Fontes históricas indicam que o papel foi inventado há mais de 2.000 anos, tendo como base o uso de fibras vegetais.
   A respeito do papel, assinale a alternativa correta.
    a) A presença da lignina torna a produção do papel mais fácil.
    b) Todos os tipos de papéis são atualmente reciclados.
    c) Papéis podem ser classificados em cinco tipos, segundo suas características.
    d) Papéis com maior gramatura são menos resistentes.
    e) Todas as alternativas estão corretas.

3. A produção do papel envolve a separação entre a celulose e a lignina a partir de fibras vegetais. Considerando o processo produtivo do papel, selecione a alternativa correta:
   a) No processo químico de polpação, as fibras vegetais são submetidas a intensas forças de corte para o rompimento das ligações das fibras.
   b) No processo mecânico de polpação, as fibras vegetais são submetidas a intensas forças de corte para o rompimento das ligações das fibras.
   c) O método *kraft* envolve a utilização de solução ácida para a separação da lignina das fibras vegetais e obtenção da celulose.
   d) O método sulfito envolve a utilização de solução alcalina para a separação da lignina das fibras vegetais e obtenção da celulose.
   e) A escolha do método de polpação não influencia nas características técnicas do papel ao final do processo produtivo.

4. Sobre os processos de reciclagem do papel, avalie as assertivas a seguir:
   I. A fibra celulósica, principal componente do papel, apresenta elevada resistência, de forma que é possível realizar a reciclagem indefinidas vezes e obter a mesma qualidade de papel ao final.
   II. A reciclagem do papel demanda menores custos em relação à segregação de resíduos, já que a mistura entre papéis diferentes não altera o produto final obtido com a reciclagem.

III. Atualmente, com o desenvolvimento de diversas tecnologias, é possível reciclar todo e qualquer tipo de papel com viabilidade ambiental, social e econômica.

Agora, assinale a alternativa que apresenta todas as proposições falsas:

a) I, II e III.
b) II e III.
c) I e III.
d) III.
e) I e II.

5. A reciclagem do papel é um processo que também gera impactos ambientais. Sobre essa temática, assinale a alternativa correta:
   a) A reciclagem do papel é sempre a melhor escolha em relação a outras formas de gerenciamento, pois os impactos ambientais gerados são insignificantes.
   b) A reciclagem do papel é a única em que não é possível utilizar resíduos pré-consumo, em razão dos elevados teores de umidade.
   c) A realidade brasileira ainda não permite reciclar aparas de papel; por isso, o papel reciclado do país necessita de importação.
   d) Para minimizar a perda da qualidade do papel reciclado, o processo de reciclagem é realizado no máximo dez vezes.
   e) Todas as alternativas anteriores estão incorretas.

Aplicação dos recursos adquiridos

Questões para reflexão

1. Entre os resíduos que você produz ao longo de uma semana, qual é a proporção aproximada de papéis? Quais são os principais tipos de papel que você usa? Costuma realizar a separação daqueles que podem ser reciclados?

2. Avaliando as condições da coleta seletiva de seu município, a reciclagem dos papéis descartados seria viável? Em sua opinião, quais são os caminhos para melhor efetivar as práticas de coleta seletiva?

Atividade aplicada: prática

1. Como demonstramos neste capítulo, a reciclagem do papel envolve a geração de novos impactos ambientais. Dessa forma, analise o processo de reciclagem de um dos cinco tipos de papel apresentados e elabore um inventário dos resíduos gerados e dos impactos ambientais produzidos. Utilize as informações que você obteve para debater com seus colegas.

Capítulo 6

Reciclagem do vidro

O vidro é um material de ampla utilização no Brasil. Sua aplicação abrange desde embalagens para acondicionar alimentos até vidrarias resistentes para as atividades de laboratório. Neste capítulo, comentaremos as particularidades físicas e químicas desse material. Além disso, discutiremos os processos produtivos, de forma a fornecer as bases necessárias para a compreensão do processo de reciclagem e dos aspectos ambientais relacionados.

6.1 Histórico do uso do vidro

Presente em vários produtos consumidos no dia a dia, na maior parte em embalagens, o vidro é um material amplamente utilizado para fins domésticos e industriais. Descobertas arqueológicas indicam que se trata de um dos materiais mais antigos já produzidos pelo ser humano. Por suas propriedades, o vidro era sinônimo de riqueza para egípcios e mesopotâmicos, que o utilizavam na fabricação de joias.

A descoberta do material é atribuída aos fenícios. Segundo relatos históricos, essa civilização de navegantes acendia fogueiras nas praias no período noturno, para o preparo de alimentos e a proteção contra o frio. Sob a elevada temperatura das fogueiras, a areia formava fragmentos vítreos, com características bastante curiosas e desconhecidas até então (Bussons et al., 2012).

O vidro é o resultado do processo de fusão de componentes inorgânicos, com predominância da sílica, a elevadas temperaturas. Ao se resfriar, a massa formada é homogênea e amorfa. Portanto, a qualidade bastante particular do vidro possibilita sua ampla utilização. Dentre as características principais, observa-se a baixa capacidade de dilatação. Além disso, não apresenta porosidade nem absorve substâncias em sua estrutura, constituindo-se também como um material de elevado potencial isolante (Oliveira et al., 2019).

De maneira ideal, o vidro obtido apenas da sílica (SiO_2) produziria um material para atender à maioria das finalidades atualmente conhecidas. Entretanto, na fusão da sílica sem componentes que auxiliam nesse processo, como o óxido de sódio (Na_2O) e o óxido de cálcio (CaO), o consumo energético e as dificuldades de conformação inviabilizariam a produção, exceto para algumas aplicações especiais. A mistura da sílica com os óxidos é muito vantajosa para a produção do vidro, de tal maneira que aproximadamente 90% de toda a produção mundial de vidro comum (também chamado *vidro soda-cal*) é assim realizada. Algumas variações na composição podem ocorrer, dependendo das características desejáveis para o material produzido. Como exemplo, é possível citar a adição do óxido de alumínio (Al_2O_3) para conferir resistência ao ataque de substâncias químicas. As características físicas do vidro o classificam como um líquido em condição de sub-resfriamento, com ponto de fusão indefinido e cuja viscosidade elevada não permite a cristalização. Existem basicamente sete tipos de vidro, cujas diferenças estão baseadas nos usos e, portanto, nos componentes químicos adicionados para modificar algumas características (Cempre, 2018):

1. **Vidro soda-cal**: Composto de sílica e óxidos de sódio e cálcio; é o tipo mais comum, sendo utilizado em espelhos, vidraças, para-brisas e garrafas de bebidas.
2. **Vidro borossilicato**: Semelhante ao vidro comum, com a adição de óxido de boro. Utilizado quando há necessidade de maior resistência a choques térmicos, como em panelas e em materiais de laboratório.
3: **Vidro de chumbo**: Tem como aditivo o óxido de chumbo, o que confere capacidade de retenção de radiações. Utilizado em sistemas óticos e em janelas especiais à prova de radiação.
4. **Fibras de vidro**: Vidro moldado na forma de fios, o que permite a utilização em sistemas de isolamento térmico e acústico, além de ser reforço para materiais cerâmicos e plásticos.
5. **Fibra óptica**: Ao processo convencional é adicionado o germânio. A fibra óptica é utilizada em sistemas de transferência de dados (internet, telecomunicações).

6. **Esmaltes**: Vidro na forma de pó para conferir impermeabilização e acabamento a materiais cerâmicos.
7. **Para aplicações nucleares**: Vidro produzido de acordo com a necessidade do setor de energia nuclear.

Conhecer os materiais descartados é fundamental para favorecer o processo de reciclagem. Nesse sentido, na seção a seguir, detalharemos o processo produtivo do vidro, bem como as características químicas desse material.

6.2 Processo produtivo

Tipicamente, a fabricação do vidro envolve matérias-primas como areia, barrilha e calcário. Alguns processos utilizam também cacos de vidro agregados, dependendo das características de uso para o material ao fim do processo. As matérias-primas são processadas em elevadas temperaturas, que podem atingir até 1.600 °C. Vidros que demandam maior resistência normalmente apresentam a alumina (Al_2O_3) como aditivo, o que confere propriedades como durabilidade em contato com substâncias químicas. Alguns aditivos são também utilizados para remover bolhas de ar do material, que se formam durante a fabricação e que reduzem o rendimento (Landim et al., 2016).

O procedimento para a obtenção do vidro envolve a mistura das matérias-primas como areia, calcário e feldspato a temperaturas elevadas em fornos industriais. Antes, porém, essa mistura passa por um tratamento para reduzir os teores de impureza e, ao mesmo tempo, uniformizar a granulometria.

Ao atingir a temperatura de fusão, as matérias-primas se unem e adquirem a característica de um material líquido e incandescente que facilita a moldagem em diversos formatos, conforme pode ser observado na Figura 6.1 (Alves; Gimenez; Mazali, 2001).

Figura 6.1 – Matérias-primas do vidro em temperatura de fusão

Benoit Daoust/Shutterstock

É no processo de resfriamento do material que algumas das propriedades desejáveis para o produto final são obtidas. Comumente são utilizadas taxas de resfriamento diferenciais da massa vítrea, pois taxas diferentes propiciam organizações moleculares também distintas, refletindo em componentes estruturais específicos. É importante que a massa vítrea fique no forno por tempo suficiente para fundir todo o material.
O tempo em contato com as elevadas temperaturas também tem a finalidade de retirar possíveis bolhas, que podem reduzir

drasticamente a eficiência do processo. O vidro fundido fica então armazenado em tanques em temperatura constante, mantendo sua característica fluida até o momento da moldagem por sopro ou prensagem, dependendo do material a ser produzido (Alves; Gimenez; Mazali, 2001).

Atualmente, as indústrias projetam e dimensionam os processos produtivos para atender à demanda por determinado produto final. Os processos podem ser classificados em **primários** (automáticos ou manuais), quando envolvem a produção do vidro com matérias-primas; e em **secundários**, quando há o uso do vidro para a produção de novos materiais (Cempre, 2018). Os principais produtos fabricados em vidro no Brasil estão relacionados no Quadro 6.1.

Quadro 6.1 – Principais produtos de vidro produzidos e comercializados no Brasil

Tipo de vidro	Produto
Embalagens	Garrafas, potes (vidro soda-cal nas cores transparente, âmbar e verde)
Plano	Vidros temperados, laminados (vidro soda-cal em diversas cores)
Doméstico	Panelas, pratos, copos (vidro borossilicato, soda-cal ou de chumbo)
Fibra	Mantas, tecidos, fios
Técnicos	Lâmpadas fluorescentes, vidraria de laboratório (vidro borossilicato)

Fonte: Elaborado com base em Cempre, 2018, p. 153.

Quando ocorre a quebra do vidro na própria fábrica (resíduo pré-consumo) ou a coleta de resíduos recicláveis (resíduos pós-consumo) pelas cooperativas de catadores, torna-se possível realizar a reciclagem do material, minimizando os efeitos do descarte do vidro.

6.3 Impactos ambientais da reciclagem do vidro

No ano de 2018, foram coletadas, pela ação das cooperativas de catadores do país, 6.738 toneladas de vidro para a reciclagem. Entre os três tipos principais, o levantamento apontou que 3.086 toneladas eram de cacos misturados, seguido do vidro colorido, com 1.863 toneladas, e pelas garrafas de vidro, com 261 toneladas (Abrelpe, 2019).

A disposição final do vidro em aterros sanitários ou lixões pode gerar muitos impactos ao meio ambiente. Afinal, esse é o material que necessita de maior tempo para a completa decomposição (estimativas indicam 4 mil anos). Um fator importante a considerar – mais um dos vários motivos para reinserir o vidro no processo produtivo – diz respeito à possibilidade de reciclá-lo sem gerar material descartado, ou seja, uma tonelada de resíduos de vidro resulta em uma tonelada de vidros reciclados, economizando essa mesma quantidade de matérias-primas.

As características físicas e químicas desse material permitem um ciclo indefinido de reciclagem sem que a qualidade seja afetada (Bussons et al., 2012).

Incluir os resíduos de vidro (cacos) nos processos produtivos inicialmente possibilita promover economia de energia, já que ao se utilizar a proporção de 10% de cacos, gera-se uma economia de 2,5% de combustíveis. Essa redução de consumo energético é o reflexo da menor temperatura necessária para que o material entre em fusão. Além disso, a redução no uso de óleo combustível e de eletricidade resulta em menores emissões de gases, como o dióxido de carbono (CO_2), responsável pela intensificação do efeito estufa (Cempre, 2018).

O processo de reciclagem se inicia na preparação dos cacos. Para aqueles gerados dentro da própria indústria, aplica-se a reciclagem sem a necessidade de preparo, pois a composição do material já é conhecida. Para o caco de vidro pós-consumo, são necessárias etapas de preparo, com o objetivo de eliminar os possíveis interferentes do processo. O vidro produzido externamente chega às indústrias em caminhões e é colocado em um sistema no qual o material passa por esteiras, e a separação de materiais ferrosos ocorre pela ação de alguns imãs (Figura 6.2).

Figura 6.2 – Etapas da reciclagem do vidro: armazenamento dos cacos (acima) e os cacos na esteira de separação (abaixo)

Em seguida, é realizada uma etapa de triagem para a remoção de materiais não ferrosos, como a cerâmica, por exemplo, e por fim os cacos são triturados e armazenados até o momento do uso. Quando os resíduos são provenientes de fontes domésticas, os custos para o preparo da reciclagem são maiores, em virtude das etapas adicionais para que o material seja utilizado com viabilidade. Dessa forma, além das etapas de separação e triagem de outros materiais, é necessário promover a segregação entre os diferentes tipos de vidro. Mesmo sendo vantajosa a reciclagem, é preciso considerar esses custos adicionais dependendo da fonte de resíduos utilizada (Cempre, 2018).

Explorando novas matérias-primas

Durante a coleta de resíduos, o vidro é um material que pode oferecer grandes riscos para os catadores e os profissionais que realizam a segregação dos materiais em centrais de triagem. Com a finalidade de minimizar os acidentes, além de incentivar a população a separar os resíduos, o programa Lixo que não é lixo, da cidade de Curitiba, realiza o trabalho de divulgação da importância do descarte correto dos materiais. Assista ao vídeo a seguir e saiba como os principais materiais devem ser descartados.

PREFEITURA de Curitiba. Lixo que não é lixo. (1 min. 30 s). Disponível em: <https://www.youtube.com/watch?v=E3Amrt0hrnM&feature=youtu.be>. Acesso em: 22 dez. 2020.

O uso principal do vidro reciclado envolve a produção de novos materiais moldados, especialmente dentro da própria indústria geradora do resíduo. Entretanto, quando a separação e classificação não são viáveis em razão da complexidade do material, é possível produzir outros materiais, como enchimentos, produtos abrasivos, fitas cerâmicas, tijolos em vidro, asfalto, além de tantas outras possibilidades como material artístico.

É importante destacar, porém, que assim como o plástico e o papel, ainda não existem tecnologias economicamente viáveis para o processamento de alguns tipos de vidro, o que os classifica como vidros não recicláveis. Nessa categoria estão os espelhos, vidros de automóveis, vidros especiais (em tubos de televisões), vidros temperados e ampolas de medicamentos (Cempre, 2018).

Considerando os aspectos da reciclagem do vidro, é possível compreender a necessidade de, assim como acontece com os demais materiais, propiciar uma coleta seletiva que favoreça o processo. Um material com elevado tempo de decomposição e com grande potencialidade para ser reinserido nos processos produtivos faz da reciclagem uma prioridade.

Reprocessando as informações coletadas

Contido em vários produtos consumidos com frequência, normalmente na forma de embalagens, o vidro é um material muito utilizado para fins domésticos e industriais, resultado do processo de fusão de componentes inorgânicos, com predominância da sílica, a elevadas temperaturas.

Existem, basicamente, sete tipos de vidro, segundo seus usos e conforme os componentes químicos adicionados para modificar algumas características (aditivos). Incluir resíduos de vidro (cacos) nos processos produtivos possibilita a economia de energia, em virtude da menor demanda por combustíveis. Os cacos são separados por tipo, e as impurezas são removidas. Após as etapas de limpeza e separação, o material pode ser fundido juntamente às matérias-primas.

Outra vantagem desse processo reside na redução das emissões de gases de efeito estufa. Para a efetivação da reciclagem como prática, a coleta seletiva é também fundamental, pois assim como para outros materiais, as misturas podem inviabilizar o processo ou produzir materiais de menor qualidade.

Triagem de conhecimentos

1. O vidro é um material muito utilizado, especialmente na produção de embalagens. A respeito desse material, assinale a alternativa correta.
    a) O vidro é formado por diversos compostos orgânicos de cadeia longa unidos por ligações químicas do tipo covalente.
    b) Entre as principais características do vidro, estão a elevada capacidade de dilatação e de absorção de compostos químicos.

c) A forma mais comum para a produção do vidro envolve a fusão da sílica pura, pois o consumo energético é reduzido.

d) O vidro é uma substância reativa, sendo desaconselhado realizar o acondicionamento de substâncias químicas com esse material.

e) Todas as alternativas anteriores estão incorretas.

2. Sobre o processo de fabricação do vidro, analise as assertivas a seguir:

I. Não são utilizados aditivos no vidro comum, pois o uso desses materiais encarece o processo produtivo.

II. A produção do vidro envolve o uso de matérias-primas como areia, barrilha e calcário.

III. A fabricação do vidro consome baixas quantidades de energia, o que viabiliza sua produção em larga escala.

Está(ão) correta(s) apenas a(s) afirmativa(s):

a) I e II.
b) II e III.
c) I e III.
d) II.
e) III.

3. O uso de aditivos e o processo de resfriamento do vidro permitem a obtenção de uma grande variedade de produtos. A respeito dos diferentes tipos de vidro, assinale a alternativa correta:

a) O vidro técnico é produzido com a adição do borossilicato durante a fusão da sílica e está presente em lâmpadas e vidrarias de laboratório.

b) O vidro doméstico é produzido a partir da fusão apenas da sílica, pois a inclusão de aditivos pode encarecer e inviabilizar o processo.

c) Somente o vidro soda-cal, também conhecido como *vidro comum*, pode ser utilizado para a realização de análises químicas.

d) Os processos de obtenção dos diferentes tipos de vidro são iguais, alterando-se somente a metodologia de resfriamento da massa vítrea.

e) Todas as alternativas anteriores estão incorretas.

4. A reciclagem do vidro contribui para o aumento da vida útil de aterros sanitários. A respeito da reciclagem desse material, assinale a alternativa correta:

a) A degradação do vidro ocorre rapidamente no ambiente, o que torna a reciclagem um processo inviável.

b) O vidro pode ser reciclado uma única vez, pois submeter novamente o material a elevadas temperaturas prejudica a qualidade do produto.

c) Os cacos, quando são produzidos fora da empresa, necessitam de etapas para a remoção de possíveis contaminações.

d) A reciclagem do vidro é inviável na maioria das vezes, pois o processo costuma gastar o dobro de energia do método tradicional.

e) Todas as alternativas anteriores estão incorretas.

5. A respeito da reciclagem do vidro, avalie as assertivas que seguem:

   I. O uso de cacos diminui a quantidade de energia necessária para o processo produtivo de novos materiais em vidro.
   II. Os cacos produzidos internamente nas indústrias do vidro podem ser utilizados sem a necessidade de etapas de separação.
   III. O uso principal do vidro reciclado envolve a produção de novos materiais moldados, especialmente dentro da própria indústria geradora do resíduo.

   Agora assinale a alternativa que apresenta todas as proposições falsas:

   a) III.
   b) II e III.
   c) I e III.
   d) II.
   e) I, II e III.

Aplicação dos recursos adquiridos
Questões para reflexão

1. O vidro apresenta riscos de acidente para catadores. Nesse sentido, que ações podem ser promovidas para a sensibilização para o descarte correto? Qual é o público-alvo

prioritário para a efetivação de práticas mais seguras de descarte do vidro?

2. O elevado tempo para a decomposição do vidro demanda ações efetivas para evitar a disposição final. Nessa ótica, de que forma você divulgaria a importância das ações de reciclagem para o vidro? Quais meios de disseminação da informação você utilizaria? Por quê?

Atividade aplicada: prática

1. A evolução nos processos de reciclagem faz com que um material, até então considerado não reciclável, possa ser reinserido em processos produtivos. Um exemplo desse desenvolvimento é a reciclagem de lâmpadas fluorescentes feita em vidro do tipo borossilicato, as quais são classificadas como resíduos perigosos, quando descartadas. A periculosidade do material está na composição interna da lâmpada, que utiliza vapores de mercúrio para o funcionamento. Dessa forma, pesquise como ocorre o processo de reciclagem das lâmpadas fluorescentes. Descreva o processo, as vantagens e as desvantagens. Faça um resumo e discuta em equipe as implicações dessa reciclagem.

Capítulo 7

Reciclagem dos metais

Os metais são elementos de grande disponibilidade na crosta terrestre, e são utilizados em muitas aplicações, como em embalagens e na confecção de estruturas metálicas. Neste capítulo, abordaremos os metais como recursos para o desenvolvimento humano. Analisaremos seu contexto de uso, bem como as principais características desses materiais. A extração e os processos produtivos também serão discutidos. Por fim, detalharemos o processo de reciclagem e as questões ambientais relacionadas ao processamento e reprocessamento dos metais.

7.1 Histórico do uso dos metais

Os metais estão presentes na crosta terrestre em abundância, constituindo importantes recursos para o desenvolvimento das atividades humanas. Em condições normais, os metais se apresentam na forma de óxidos ou sulfetos, com exceção daqueles como o ouro e a platina, que estão na sua forma elementar.

Alguns metais têm uso amplo, como o alumínio e o ferro, elementos fundamentais para o desenvolvimento tecnológico dos processos produtivos. Outros, apesar de sua importância para a manufatura, apresentam-se em reduzidas quantidades na crosta terrestre, o que torna o valor associado a eles elevado – caso do grupo da platina, que engloba o paládio, o irídio e o ródio. A limitada disponibilidade os restringe a utilizações mais específicas, como na composição de catalisadores, eletrodos ou filamentos, ou seja, aplicações que demandam pequenas quantidades de metal. Há, ainda, os metais essenciais, isto é, aqueles para os quais ainda não foram descobertos compostos capazes de substituí-los, como o cromo, utilizado para a produção de aço inoxidável (proteção para estruturas submetidas a substâncias corrosivas ou que apresentam elevada temperatura). A diversidade de metais torna as aplicações e as possibilidades também diversas (Manahan, 2013).

A ampla utilização dos metais é também reflexo da elevada durabilidade, pois são materiais com grande resistência e são relativamente fáceis de moldar para o uso em embalagens, equipamentos e estruturas. Os metais podem ser classificados de acordo com a composição em dois grupos gerais: os metais ferrosos (contendo ferro e aço) e os metais não ferrosos. Entre os metais deste último grupo, os mais utilizados são alumínio, cobre, chumbo, níquel e zinco. Na indústria, é muito comum a utilização das ligas metálicas, que são misturas entre alguns metais para a obtenção de propriedades desejáveis, como a resistência à corrosão e a durabilidade (Cempre, 2018).

Explorando novas matérias-primas

A diversidade de uso dos metais é elevada, e, se considerarmos a mistura entre metais, as ligas metálicas, as possibilidades são ampliadas. Algumas ligas metálicas podem inclusive ser utilizadas com finalidades médicas, como constituintes de próteses para quadril. Para que você conheça essa curiosa aplicação para a liga metálica de titânio e aço inox, indicamos a leitura do artigo intitulado "Avaliação de não conformidades de próteses de quadril fabricadas com ligas de titânio e aço inox".

BEZERRA, E. O. T. et al. Avaliação de não conformidades de próteses de quadril fabricadas com ligas de titânio e aço inox. **Revista Matéria**, Rio de Janeiro, v. 22, n. 1, p. 1-11, 2017. Disponível em: <https://www.scielo.br/pdf/rmat/v22n1/1517-7076-rmat-22-01-e11782.pdf>. Acesso em: 16 dez. 2020.

7.2 Processo produtivo

Os metais podem ser obtidos em duas fontes: na geosfera e na antroposfera. Na primeira fonte, é necessário promover a aplicação de processos de mineração, ao passo que na antroposfera são utilizadas tecnologias de reciclagem. O que prevalece na escolha entre a mineração e a reciclagem são os aspectos econômicos, pois algumas vezes a abundância do metal no ambiente reduz a viabilidade de utilização dos processos de reciclagem. Por outro lado, quando a disponibilidade é baixa ou o potencial poluidor é alto, costuma-se optar pela reciclagem (Manahan, 2013).

Os processos produtivos também podem ser denominados como *primário* (mineração) ou *secundário* (reciclagem). Para a produção de metais no processo primário, é necessário realizar a redução dos minérios ao estado metálico. Para isso, são utilizados materiais redutores, como o carvão, que auxilia na conversão do minério em metal. Trata-se de um processo que consome grandes quantidades de energia, já que necessita de elevadas temperaturas para a redução. O metal que resulta desse processo se chama *metal primário*. Após a redução, o metal obtido passa pela etapa de fusão para que fique apto à moldagem (conformação) de acordo com as características do produto final. A Figura 7.1 apresenta um resumo esquemático do processo de mineração para a obtenção dos metais primários.

Figura 7.1 – Fluxograma do processo de mineração que resulta na obtenção de metais primários

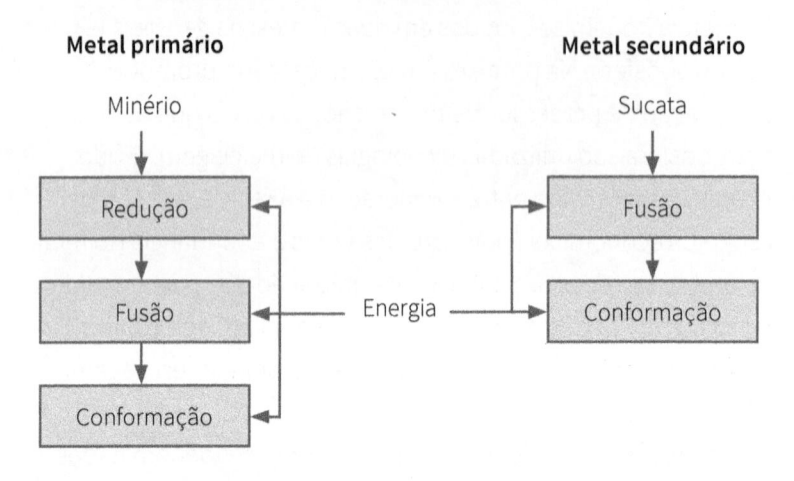

```
Metal primário                          Metal secundário
   Minério                                  Sucata
      ↓                                        ↓
  ┌─────────┐                            ┌─────────┐
  │ Redução │ ◄──────┐           ┌─────► │  Fusão  │
  └─────────┘        │           │       └─────────┘
      ↓              │           │           ↓
  ┌─────────┐        │           │       ┌─────────────┐
  │  Fusão  │ ◄── Energia ──────►│       │ Conformação │
  └─────────┘        │           │       └─────────────┘
      ↓              │           │
  ┌─────────────┐    │
  │ Conformação │ ◄──┘
  └─────────────┘
```

Fonte: Cempre, 2018, p. 163.

Explorando novas matérias-primas

A mineração é um dos processos produtivos que apresenta elevados impactos ambientais. Um exemplo disso é a mineração do alumínio, que necessita de algumas etapas de lavagem da bauxita, mineral do qual é obtido. Ocorre que, ao se lavar a bauxita, um volume significativo de resíduo é produzido. Por meio das atividades de pesquisa e desenvolvimento, é possível dar uma finalidade para os materiais gerados ao longo da mineração do alumínio. Essa é a temática principal do texto "Uso de rejeito de lavagem de bauxita para a fabricação de ligantes geopoliméricos".

RACANELLI, L. A. et al. Uso de rejeito de lavagem de bauxita para a fabricação de ligantes geopoliméricos. **Revista Matéria**, Rio de Janeiro, v. 25, n. 1, p. 1-8, 2020. Disponível em: <https://www.scielo.br/pdf/rmat/v25n1/1517-7076-rmat-25-01-e12595.pdf>. Acesso em: 16 dez. 2020.

7.3 Impactos ambientais da reciclagem de metais

Na coleta de materiais metálicos, separam-se os resíduos em alumínio, cobre, sucata e outros materiais. No ano de 2018, foram coletadas pelas cooperativas de catadores 4.129 toneladas de sucata, seguido do alumínio, com 316 toneladas, e do cobre, com 32 toneladas (Abrelpe, 2019). A sucata apresenta um grande potencial para a recuperação de metais pela indústria metalúrgica, pois é em meio a esse material que são recolhidos cerca de 50% da produção de chumbo, 25% de cobre, 14% de alumínio e 20% de aço (Cempre, 2018).

Quanto aos aspectos energéticos envolvidos na reciclagem de metais, obtém-se uma economia significativa de energia, na comparação com a extração e purificação por meio da mineração. A etapa de maior consumo energético é a redução das formas oxidadas dos metais presentes nos minerais. Assim, as carcaças metálicas e os metais presentes em resíduos são nada mais do que uma reserva energética, uma vez que não se faz necessário promover um alto consumo energético ao transformar resíduos em novos produtos. No caso do alumínio, por exemplo, é possível economizar cerca de 95% da energia quando novas latas são produzidas utilizando-se latas descartadas, em comparação com o processo convencional da mineração de bauxita (Baird; Cann, 2011).

Entre os resíduos metálicos domésticos, predominam as latas, embalagens de alimentos e tampas de vidros. Outros materiais gerados em menores quantidades são panelas, equipamentos e algumas peças. Reciclar os metais descartados, além de reduzir o consumo energético na produção, minimiza os gastos com prospecção, lavagem e transporte dos minérios utilizados (Cempre, 2018).

Explorando novas matérias-primas

Uma das fontes de contaminação por metais em aterros sanitários e lixões é o descarte incorreto do lixo eletrônico, ou seja, os equipamentos eletroeletrônicos que já chegaram ao final da vida útil. Descartar esses materiais é uma das formas de contaminar o ambiente.

Mas, então, o que fazer com esses materiais para evitar que contaminem o ambiente? Diversas ações têm sido realizadas para minimizar esse problema, e a reciclagem com a recuperação dos metais é uma das alternativas possíveis. Sobre a temática, indicamos a leitura do texto a seguir:

XAVIER, l. H. O valor do 'lixo' eletrônico. **Ciência Hoje**. 26 set. 2019. Disponível em: <https://cienciahoje.org.br/artigo/o-valor-do-lixo-eletronico/>. Acesso em: 22 dez. 2020.

A reciclagem se inicia com o processo de separação entre os tipos de metais (ferrosos e não ferrosos). Como há a predominância de materiais produzidos com metais ferrosos, é possível utilizar imãs para a separação. Alguns metais não são atraídos pelo imã, como o austenítico, mas podem ser separados por outras características físicas específicas, como a densidade. Nessa separação, os metais ferrosos aderidos ao imã podem ser direcionados a fornos para a fundição, sendo possível realizar a correção nas concentrações de carbono nos materiais, dependendo das características finais desejadas.

No caso de metais não ferrosos, é necessário fazer a separação também utilizando as características específicas dos metais que se deseja separar para, então, proceder à fusão e à moldagem (Mancini; Ferraz; Bizzo, 2012). A Figura 7.2 representa o processo de separação dos metais com emprego de eletroímãs.

Figura 7.2 – Processo de separação de metais para a reciclagem por eletroímãs

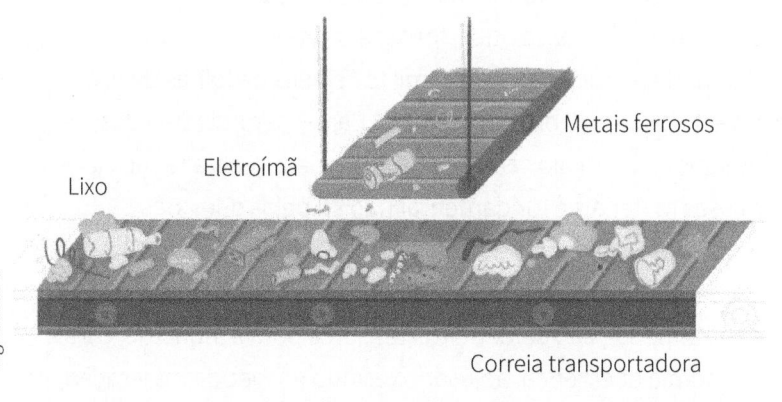

A exemplo do que ocorre com a reciclagem do vidro, a vantagem de reciclar metais resulta da ausência de restrição no uso do material após o reprocessamento. Isso acontece porque o processo ocorre na temperatura de fusão dos metais (a partir de 660 °C), que elimina as possibilidades de contaminação. Por isso, a maioria das embalagens metálicas recicladas pode ser utilizada inclusive quando está em contato direto com alimentos. Entre as desvantagens desse processo, estão as perdas ao longo das etapas, por conta da oxidação (a ferrugem, quando se trata de metais ferrosos). Além disso, a maioria dos materiais ferrosos que chegam para a reciclagem apresenta um revestimento (galvanização) para evitar que sofram oxidação. Esse revestimento se torna um resíduo do processo de reciclagem (denominado *escória*), além da emissão gasosa desses materiais, que deve ser tratada para não contaminar o ambiente (Mancini; Ferraz; Bizzo, 2012).

No Brasil, o maior volume de resíduos de metal produzido provém do setor de embalagens. As latas de aço com revestimento de estanho são as mais utilizadas no setor alimentício. Sob essa ótica, fornecer materiais para o setor demanda a produção de 950 mil toneladas de folhas de aço revestido para 30 bilhões de latas. Para o setor de bebidas, as latas de alumínio são as mais utilizadas. Realizar a reciclagem desses materiais é fundamental não só pelas questões ambientais, mas também pela viabilidade econômica. Os metais utilizados na fabricação de embalagens, quando separados corretamente, são verdadeiros tesouros para a indústria, pois a economia energética, ao usar o resíduo em vez da mineração, é significativa – chegando a 95% no caso do alumínio. Os avanços da reciclagem de metais no Brasil se devem principalmente à viabilidade econômica que o processo proporciona, além da economia de obtenção de produtos. As características da reciclagem desse material tornam o método interessante até mesmo para os fabricantes de metal (Cempre, 2018).

Reprocessando as informações coletadas

Os metais estão presentes em abundância na crosta terrestre, sendo importantes recursos para o desenvolvimento das atividades humanas. Como apresentamos ao longo deste capítulo, a diversidade de metais torna as aplicações e possibilidades também diversas. A ampla utilização dos metais é reflexo de sua elevada durabilidade, pois são materiais com grande resistência, além de serem relativamente fáceis de moldar para o uso em embalagens, equipamentos e em estruturas.

Como explicamos, os metais podem ser obtidos em duas fontes: a geosfera, por meio dos processos de mineração, ou a antroposfera, com a aplicação de tecnologias de reciclagem. Na produção de metais no primeiro processo, faz-se a redução dos minérios ao estado metálico. Para isso, são utilizados materiais redutores, como o carvão, que auxilia na conversão do minério em metal. Trata-se de um processo que consome grandes quantidades de energia.

Por sua vez, a reciclagem é um processo que garante uma economia significativa de energia. Inicia-se com o processo de separação entre os tipos de metais, por meio de ímãs. Nessa separação, os metais ferrosos aderidos ao ímã podem ser direcionados a fornos para a fundição. No caso de metais não ferrosos, é necessário realizar a separação utilizando as características específicas dos metais que se deseja separar, para então realizar a fusão e a moldagem. As perdas ao longo das etapas estão entre as desvantagens possíveis, pela ação da oxidação. Também comentamos que o revestimento galvanizado de embalagens gera a escória, além da emissão gasosa desses materiais, que deve ser tratada para não contaminar o ambiente.

Triagem de conhecimentos

1. Os metais são componentes muito utilizados nos processos produtivos das indústrias. As características desses materiais permitem que eles tenham uma ampla diversidade de usos. A respeito dos metais, assinale a alternativa correta:
    a) Todos os metais se apresentam em baixas concentrações na crosta terrestre, demandando muita energia para a extração.
    b) As características desses materiais permitem os mais diversos usos, como em embalagens e estruturas metálicas.
    c) Todo o metal utilizado em processos produtivos no Brasil precisa ser importado, uma vez que a disponibilidade de reservas no país é baixa.

d) A mistura entre os metais por meio do processo de fusão não deve ser realizada, pois eles sempre serão mais tóxicos que os metais originais.

e) Todas as alternativas anteriores estão corretas.

2. Sobre o processo produtivo dos metais, avalie as assertivas que seguem:

   I. Os metais podem ser obtidos a partir de duas fontes: a geosfera e a antroposfera.

   II. A abundância de um metal no ambiente pode tornar a reciclagem inviável economicamente.

   III. A mineração consome elevadas quantidades de energia para a redução do minério.

   Agora, assinale a alternativa que apresenta todas as proposições verdadeiras:

   a) I, II e III.
   b) II e III.
   c) I e III.
   d) III.
   e) II.

3. Sobre o processo de reciclagem dos metais, assinale a alternativa correta:

   a) Os metais reciclados no Brasil são provenientes de outros países, pois os custos elevados impedem o desenvolvimento do setor no país.

   b) A economia de energia na reciclagem, especialmente do alumínio, não é significativa. O que viabiliza o processo é o baixo consumo de água.

c) Como predominam materiais produzidos com metais ferrosos, é possível utilizar imãs para a separação prévia à reciclagem.
d) Os metais apresentam rápida decomposição no ambiente, o que muitas vezes não justifica a aplicação de tecnologias de reciclagem.
e) Todas as alternativas anteriores estão corretas.

4. A reciclagem contribui para evitar que resíduos sólidos sejam enviados para a destinação final, aumentando a vida útil de aterros sanitários. Sobre a reciclagem, assinale a alternativa correta:
   a) Trata-se de um processo físico, físico-químico ou biológico, que transforma resíduos em insumos ou novos produtos.
   b) Uma das falhas da Política Nacional de Resíduos Sólidos (PNRS) é não definir o que é reciclagem, dificultando a implementação.
   c) Sempre que possível, os resíduos devem ser transportados para locais distantes dos empreendimentos, para só então serem reciclados.
   d) A aplicação da reciclagem é urgente para o contexto atual, pois ela reinsere resíduos no ciclo produtivo e não gera impactos ambientais.
   e) A avaliação da viabilidade para a aplicação da reciclagem deve considerar somente a questão financeira.

5. A respeito das vantagens para a utilização de tecnologias de reciclagem, avalie as assertivas que seguem:

I. Reciclar resíduos permite reduzir a poluição, tanto pela minimização da disposição final de resíduos como pela redução do processamento de matérias-primas virgens.

II. A reciclagem sempre aumenta a emissão de gases de efeito estufa. Nesse sentido, a melhor alternativa é realizar a disposição final em lixões, que é a opção mais natural para lidar com os resíduos.

III. É possível economizar energia por meio da aplicação da reciclagem, pois utilizar resíduos como insumos ou matéria-prima reduz a demanda energética de processos em comparação com a extração e utilização de matérias-primas virgens.

IV. Com a reciclagem, é possível aumentar significativamente a vida útil de aterros sanitários, pois os materiais que seriam descartados passam a ser novamente inseridos em processos produtivos e dão origem a novos produto.

Agora assinale a alternativa que apresenta todas as proposições verdadeiras:
a) I, II e III.
b) II.
c) II, III e IV.
d) II e IV.
e) Apenas I, III e IV.

Aplicação dos recursos adquiridos

Questões para reflexão

1. A contaminação por metais no ambiente é, muitas vezes, reflexo do descarte incorreto de resíduos sólidos. Dessa forma, analise se em seu município há coleta específica para esse tipo de material encontrado em pilhas, baterias e eletrodomésticos. Qual é a destinação para o material recolhido?

2. Quais são as possibilidades mais efetivas para que ocorra a sensibilização das pessoas para a necessidade do descarte correto do lixo eletrônico e dos resíduos que têm metais em sua composição?

Atividade aplicada: prática

1. Os metais estão presentes em diversos produtos utilizados cotidianamente. Celulares e eletrodomésticos são alguns dos exemplos de produtos nos quais os metais são aplicados. Apesar dos benefícios que trazem para a vida tecnológica, também há impactos ambientais relacionados aos metais e que precisam ser considerados. Um desses impactos é o efeito causado no ambiente pelos metais pesados. Nesse sentido, elabore um relatório detalhado sobre os metais pesados,

incluindo a resposta aos seguintes questionamentos: O que são metais pesados? Como eles chegam até o ambiente? Quais são as consequências da exposição dos seres vivos aos metais pesados? Com base nos dados obtidos, discuta com seus colegas os principais aspectos levantados.

Concluindo o ciclo

Quando bem dimensionados e avaliados quanto à viabilidade, os processos de reciclagem apresentam grande potencial de minimização dos impactos ambientais. Nessa perspectiva, iniciamos esta obra versando sobre a importância da redução do consumo para uma melhor *performance* ambiental; de fato, não consumir aquilo que é desnecessário representa melhores resultados do ponto de vista da conservação. Entretanto, é inegável o relevante papel que a reciclagem desempenha em reduzir a pressão sobre os recursos naturais que se encontram tão sobrecarregados, especialmente para um contexto em que o descarte de materiais ainda é cultural.

Para a efetividade dos processos de reciclagem, também é fundamental adotar estratégias complementares como a segregação dos resíduos e a coleta seletiva. Para isso, os incentivos públicos de estados e municípios devem se voltar para aqueles que fazem o processo acontecer, que são os catadores e as cooperativas de materiais recicláveis, tão negligenciados pelo Poder Público. Considerando o que preconiza a Política Nacional de Resíduos Sólidos (PNRS), percebemos que ainda há um longo caminho a ser percorrido no Brasil, para que a reciclagem se estabeleça como uma técnica que contribua para a minimização dos danos ambientais.

Dessa forma, a conscientização da sociedade a respeito da importância da separação dos resíduos, bem como a criação de uma nova relação de consumo e descarte são alguns dos primeiros passos para possibilitar menores taxas de disposição final daquilo que "jogamos fora". Atualmente, grande parte do que enviamos para o descarte pode ser reciclado, resultando em economia de recursos.

A disposição final de resíduos sólidos deve ser evitada e constituir a última alternativa no gerenciamento de materiais. Sendo assim, na reciclagem devem ser considerados não só os aspectos de viabilidade econômica, mas também as questões ambientais e sociais, conforme preconizam as diretrizes para o desenvolvimento sustentável.

A relação que as pessoas têm com o que é descartado precisa mudar, a fim de tornar possíveis mais processos de reinserção de materiais nas dinâmicas produtivas. Outro aspecto muito importante não só para efetivar a PNRS, mas também para a busca de soluções ambientais, é o investimento na pesquisa e no desenvolvimento, haja vista a quantidade de materiais descartados e que até então não eram recicláveis. Com a pesquisa e o desenvolvimento, mais e mais materiais podem ter novos usos. As necessidades da sociedade são mais complexas demandando também materiais mais complexos. Por isso, a reciclagem deve acompanhar esse ritmo. Sob essa ótica, trabalhar com a reciclagem envolve uma contínua busca por conhecimentos sobre materiais e criação de técnicas para dar um novo uso ao que seria descartado.

A mistura de materiais para a fabricação de produtos é uma prática comum na indústria e, por conta disso, nem sempre podemos ter uma visão única a respeito de um material. Logo, faz-se necessário conhecer as especificidades do plástico, do metal, do papel e do vidro, já que atualmente nos deparamos com resíduos constituídos por todos esses materiais simultaneamente. Dessa forma, é importante destacar que esta obra deve servir de base para a busca de novas soluções ambientalmente adequadas para materiais descartados.

Pensar sobre perspectivas preocupantes, como é o caso dos resíduos sólidos, não deve gerar uma postura pessimista, mas uma conduta reflexiva sobre novas formas de lidar com toda a problemática que discutimos neste livro.

Lista de siglas

ABNT – Associação Brasileira de Normas Técnicas
Abrelpe – Associação Brasileira de Empresas de Limpeza Pública e Resíduos Especiais
ACV – Avaliação do ciclo de vida
Anvisa – Agência Nacional de Vigilância Sanitária
CBO – Classificação Brasileira de Ocupações
Conama – Conselho Nacional do Meio Ambiente
DQO – Demanda química de oxigênio
EPA – Environmental Protection Agency
EPS – Poliestireno expandido
ETA – Estação de tratamento de água
ETE – Estação de tratamento de efluentes
GEE – Gases de efeito estufa
IBÁ – Indústria Brasileira de Árvores
IBGE – Instituto Brasileiro de Geografia e Estatística
IFPR – Instituto Federal do Paraná
inpEV – Instituto Nacional de Processamento de Embalagens Vazias
ISO – International Organization for Standardization
MDL – Mecanismos de desenvolvimento limpo
Payt – *Pay-as-You-Throw*
PEAD – Polietileno de alta densidade

PEBD – Polietileno de baixa densidade
PEBDL – Polietileno de baixa densidade linear
PET – Polietileno tereftalato
PEVs – Pontos de entrega voluntária
PNRS – Política Nacional de Resíduos Sólidos
PP – Polipropileno
PS – Poliestireno
PVC – Policloreto de vinila
SISNAMA – Sistema Nacional do Meio Ambiente
SNIS – Sistema Nacional de Informações sobre o Saneamento
SNVS – Sistema Nacional de Vigilância Sanitária
SPI – Sociedade das Indústrias de Plásticos
SUASA – Sistema Unificado de Atenção à Sanidade Agropecuária
UTFPR – Universidade Tecnológica Federal do Paraná

Matéria-prima utilizada

ABRELPE – Associação Brasileira de Empresas de Limpeza Pública e Resíduos Especiais. **Panorama dos resíduos sólidos no Brasil 2018/2019**. São Paulo, 2019.

ALVES, O. L.; GIMENEZ, I. F.; MAZALI, I. O. Vidros. **Cadernos Temáticos de Química Nova na Escola**, ed. esp. p. 13-24, maio 2001. Disponível em: <http://qnesc.sbq.org.br/online/cadernos/02/vidros.pdf>. Acesso em: 16 dez. 2020.

ASSUMPÇÃO, L. **Obsolescência programada, práticas de consumo e design**: uma sondagem sobre bens de consumo. 228 f. Dissertação (Mestrado em Arquitetura e Urbanismo) – Universidade de São Paulo, São Paulo, 2017. Disponível em: <https://www.teses.usp.br/teses/disponiveis/16/16134/tde-11012018-123754/publico/LiaAssumpcao_REV.pdf>. Acesso em: 16 dez. 2020.

BAIRD, C.; CANN, M. **Química ambiental**. 4. ed. Porto Alegre: Bookman, 2011.

BAKRAOUI, M. et al. Biogas production from recycled paper mill wastewater by UASB digester: Optimal and mesophilic conditions. **Biotechnology Reports**, v. 25, March 2020, e00402. Disponível em: <https://www.sciencedirect.com/science/article/pii/S2215017X19304333>. Acesso em: 16 dez. 2020.

BARBIERI, J. C. **Gestão ambiental empresarial**: conceitos, modelos e instrumentos. 2. ed. São Paulo: Saraiva, 2007.

BARBOSA, R. P.; IBRAHIN, F. I. D. **Resíduos sólidos**: impactos, manejo e gestão ambiental. São Paulo: Érica, 2014.

BRAGA, N. L.; MACIEL, R. H.; CARVALHO, R. G. Redes sociais e capital social de catadores associados. **Psicologia & Sociedade**, v. 30, p. 1-9, 2018. Disponível em: <https://www.scielo.br/pdf/psoc/v30/1807-0310-psoc-30-e173663.pdf>. Acesso em: 16 dez. 2020.

BRASIL. Lei n. 7.802, de 11 de julho de 1989. **Diário Oficial da União**, Poder Executivo, Brasília, DF, 12 jul. 1989. Disponível em: <http://www.planalto.gov.br/ccivil_03/leis/l7802.htm#:~:text=Disp%C3%B5e%20sobre%20a%20pesquisa%2C%20a,inspe%C3%A7%C3%A3o%20e%20a%20fiscaliza%C3%A7%C3%A3o%20de>. Acesso em: 18 dez. 2020.

BRASIL. Lei n. 12.305, de 2 de agosto de 2010. **Diário Oficial da União**, Poder Legislativo, Brasília, DF, 2 ago. 2010. Disponível em: <http://www.planalto.gov.br/ccivil_03/_ato2007-2010/2010/lei/l12305.htm>. Acesso em: 16 dez. 2020.

BRASIL. Ministério do Meio Ambiente. Conama –Conselho Nacional do Meio Ambiente. Resolução, n. 275, de 25 de abril de 2001. **Diário Oficial da União**, Brasília, DF, 19 jun. 2001. Disponível em: <http://www2.mma.gov.br/port/conama/legiabre.cfm?codlegi=273>. Acesso em: 14 set. 2020.

BREDA, F. A. **Proposta de um modelo de gestão de resíduos industriais para o setor calçadista de Franca – SP com vistas à Política Nacional de Resíduos Sólidos**. 272 f. Tese (Doutorado em Ciências) – Faculdade de Economia, Administração e Contabilidade de Ribeirão Preto, Universidade de São Paulo, São Paulo, 2016. Disponível em: <https://www.teses.usp.br/teses/disponiveis/96/96132/tde-12072016-105138/publico/FranciscoABreda_Corrigida.pdf>. Acesso em: 16 dez. 2020.

BUSSONS, M. I. G. et al. Cacos de vidro: uma visão abrangente no mercado da reciclagem e da sustentabilidade. **Cadernos Unisuam**, v. 2, n. 1, p. 98-109, 2012.

BYSTRÖM, S.; LÖNNSTEDT, L. Paper recycling: environmental and economic impact. **Resources, Conservation and Recycling**, v. 21, n. 2, p. 109-127, October 1997. Disponível em: <https://www.sciencedirect.com/science/article/abs/pii/S0921344997000311>. Acesso em: 16 dez. 2020.

CAMARGO, R. V. **Reciclagem mecânica-química de resíduos de filmes de polietileno de baixa densidade em combinação com o polipropileno.** Dissertação (Mestrado em Ciências) – Escola de Engenharia de Lorena, Universidade de São Paulo, São Paulo, 2019. Disponível em: <https://www.teses.usp.br/teses/disponiveis/97/97134/tde-28052019-151150/publico/EMD18012_C.pdf>. Acesso em: 16 dez. 2020.

CEMPRE – Compromisso Empresarial para Reciclagem. **Lixo municipal:** manual de gerenciamento integrado. São Paulo: CEMPRE, 2018.

CHAVES, G. L. D.; BALISTA, W. C.; COMPER, I. C. Logística reversa: o estado da arte e perspectivas futuras. **Engenharia Sanitária e Ambiental**, v. 24, n. 4, p. 821-831, jul./ago. 2019. Disponível em: <https://www.scielo.br/pdf/esa/v24n4/1809-4457-esa-s1413-41522019172051.pdf>. Acesso em: 16 dez. 2020.

CIFUENTES-ÁVILA, F.; DÍAZ-FUENTES, R.; OSSES-BUSTINGORRY, S. Ecología del comportamiento humano: las contradicciones tras el mensaje de crisis ambiental. **Acta Bioethica**, v. 24, n. 1, p. 161-165, 2018. Disponível em: <https://scielo.conicyt.cl/pdf/abioeth/v24n2/1726-569X-abioeth-24-2-00161.pdf>. Acesso em: 16 dez. 2020.

CIMENTO.ORG. **Coprocessamento**. 2 out. 2010. Disponível em <https://cimento.org/coprocessamento/>. Acesso em: 16 dez. 2020.

COSTA, D. V.; TEODÓSIO, A. S. S. Desenvolvimento sustentável, consumo e cidadania: um estudo sobre a (des)articulação da comunicação de organizações da sociedade civil, do estado e das empresas. **Revista de Administração Mackenzie**, v. 12, n. 3, ed. esp. p. 114-145, 2011. Disponível em: <https://www.scielo.br/pdf/ram/v12n3/a06v12n3.pdf>. Acesso em: 16 dez. 2020.

EIGENHEER, E. M. **A história do lixo**: a limpeza urbana através dos tempos. Rio de Janeiro: ELS2 Comunicação, 2009.

EIGENHEER, E. M.; FERREIRA, J. A. Três décadas de coleta seletiva em São Francisco (Niterói/RJ): lições e perspectivas. **Engenharia Sanitária e Ambiental**, v. 20, n. 4, p. 677-684, out./dez. 2015. Disponível em: <https://www.scielo.br/pdf/esa/v20n4/1413-4152-esa-20-04-00677.pdf>. Acesso em: 16 dez. 2020.

EPA–U.S. Environmental Protection Agency. **Pay-As-You-Throw**. 2016. Disponível em: <https://archive.epa.gov/wastes/conserve/tools/payt/web/html/index.html>. Acesso em: 16 dez. 2020.

FARIA, F. P.; PACHECO, E. B. A. V. A reciclagem de plástico a partir de conceitos de Produção Mais Limpa. **Gepros – Gestão da Produção, Operações e Sistemas**, v. 6, n. 3, p. 93-107, jul./set. 2011. Disponível em: <https://revista.feb.unesp.br/index.php/gepros/article/download/534/359>. Acesso em: 16 dez. 2020.

FRAGA, S. C. L. **Reciclagem de materiais plásticos**: aspectos técnicos, econômicos, ambientais e sociais. São Paulo: Érica, 2014.

FUNDAÇÃO PROAMB. **Eliminação de resíduos por destruição térmica**. Disponível em: <https://www.proamb.com.br/Pagina/Index/46>. Acesso em: 16 dez. 2020.

GARCIA, J. M.; ROBERTSON, M. L. The future of plastics recycling. **Science**, v. 358, n. 6365, p. 870-872, 2017.

GONÇALVES, S. M. L. **Utilização de resíduos agronômicos da mandioca para fabricação de papéis especiais como recurso alternativo para a comunicação visual**. Tese (Doutorado em Agronomia) – Universidade Estadual Paulista Julio de Mesquita Filho, São Paulo, 2007. Disponível em: <https://repositorio.unesp.br/handle/11449/101818>. Acesso em: 16 dez. 2020.

HAVLÍČEK, F.; KUČA, M. Waste management at the end of the Stone Age. **Journal of Landscape Ecology**, v. 10, n. 1, p. 44-57, 2017. Disponível em: <https://content.sciendo.com/configurable/contentpage/journals$002fjlecol$002f10$002f1$002farticle-p44.xml>. Acesso em: 16 dez. 2020.

HERNANDES, J. C. et al. Educação em saúde ambiental nas cooperativas de triagem de materiais recicláveis do município de Pelotas/RS. **Expressa Extensão**, Pelotas, v. 21, n. 1, p. 33-41, 2016. Disponível em: <https://periodicos.ufpel.edu.br/ojs2/index.php/expressaextensao/article/view/9797/6811>. Acesso em: 16 dez. 2020.

HOORNWEG, D.; BHADA-TATA, P. **What a waste**: a global review of solid waste management. Washington: Urban Development; Local Government Unit, 2012.

HUNTER, D. **Papermaking**: the history and technique of an ancient craft. New York: Dover Publications, 1947.

IBÁ – Indústria Brasileira de Árvores. **Relatório 2019**. 2019. Disponível em: <https://www.iba.org/datafiles/publicacoes/relatorios/iba-relatorioanual2019.pdf>. Acesso em: 16 dez. 2020.

IBÁ – Indústria Brasileira de Árvores. **Estatísticas da Indústria Brasileira de Árvores**: 4º Trimestre de 2019. Disponível em: <https://www.iba.org/datafiles/e-mail-marketing/cenarios/60-cenarios_2.pdf>. Acesso em: 16 dez. 2020.

IBGE – Instituto Brasileiro de Geografia e Estatística. **Censo demográfico**: Tabelas – Tabela 1.1 – número de municípios nos censos demográficos, segundo as Grandes Regiões e as Unidades da Federação – 1960/2010. Disponível em: <https://www.ibge.gov.br/estatisticas/sociais/populacao/9662-censo-demografico-2010.html?=%25253Bt&t=resultados>. Acesso em: 16 dez. 2020.

IBGE – Instituto Brasileiro de Geografia e Estatística. **Pesquisa Nacional de Saneamento Básico 2008**. Rio de Janeiro, 2010. Disponível em: <https://biblioteca.ibge.gov.br/index.php/biblioteca-catalogo?view=detalhes;id=283636>. Acesso em: 16 dez. 2020.

INPEV – Instituto Nacional de Processamento de Embalagens Vazias. **Relatório de Sustentabilidade 2018**. Disponível em: <https://www.inpev.org.br/Sistemas/Saiba-Mais/Relatorio/InPev_RA2018.pdf>. Acesso em: 16 dez. 2020.

ISO – International Organization for Standardization. **ISO 14040:2006** – Environmental management: Life cycle assessment – Principles and framework. Genebra, 2006.

LANDIM, A. P. M. et al. Sustentabilidade quanto às embalagens de alimentos no Brasil. **Polímeros**, v. 26, n. esp., p. 82-92, 2016. Disponível em: <https://www.scielo.br/pdf/po/2016nahead/0104-1428-po-0104-14281897.pdf>. Acesso em: 16 dez. 2020.

MACEDO, A. R. P.; VALENÇA, A. C. V. **Reciclagem de papel**. Brasília: BNDES, 1995. Disponível em: <https://web.bndes.gov.br/bib/jspui/bitstream/1408/3684/1/BS%2002%20Reciclagem%20de%20papel_P.pdf>. Acesso em: 16 dez. 2020.

MAGNI, A. A. C.; GÜNTHER, W. M. R. Cooperativas de catadores de materiais recicláveis como alternativa à exclusão social e sua relação com a população de rua. **Saúde e Sociedade**, São Paulo, v. 23, n. 1, p. 146-156, 2014. Disponível em: <https://www.scielo.br/pdf/sausoc/v23n1/0104-1290-sausoc-23-01-00146.pdf>. Acesso em: 16 dez. 2020.

MANAHAN, S. E. **Química ambiental**. Porto Alegre: Bookman, 2013.

MANCINI, S. D.; FERRAZ, J. L.; BIZZO, W. A. Resíduos sólidos. In: ROSA, A. H.; FRACETO, L. F.; CARLOS, V. M. **Meio ambiente e sustentabilidade**. Porto Alegre: Bookman, 2012. p. 346-374.

MILLER JR., G. T. **Ciência ambiental**. 11. ed. São Paulo: Cengage Learning, 2011.

MMA – Ministério do Meio Ambiente. **Coleta seletiva**: o que é coleta seletiva? Disponível em: <https://www.mma.gov.br/cidades-sustentaveis/residuos-solidos/catadores-de-materiais-reciclaveis/reciclagem-e-reaproveitamento.html>. Acesso em: 14 set. 2020.

MOREIRA, A. M. M.; GÜNTHER, W. M. R.; SIQUEIRA, C. E. G. Workers' perception of hazards on recycling sorting facilities in São Paulo, Brazil. **Ciência & saúde coletiva**, v. 24, n. 3, p. 771-780, 2019. Disponível em: <https://doi.org/10.1590/1413-81232018243.01852017>. Acesso em: 16 dez. 2020.

MTE – Ministério do Trabalho. **Classificação Brasileira de Ocupações**. Disponível em: <http://www.mtecbo.gov.br/cbosite/pages/pesquisas/BuscaPorTituloResultado.jsf>. Acesso em: 16 dez. 2020.

NEVES, F. L. A reciclagem de embalagens cartonadas Tetra Pak. **Revista O Papel**, n. 2, p. 24-31, 1999.

OLIVEIRA, M. C. B. R. **Gestão de resíduos plásticos pós-consumo**: perspectivas para a reciclagem no Brasil. 104 f. Dissertação (Mestrado em Planejamento Energético) – Universidade Federal do Rio de Janeiro, Rio de Janeiro, 2012. Disponível em: <http://antigo.ppe.ufrj.br/ppe/production/tesis/maria_deoliveira.pdf>. Acesso em: 16 dez. 2020.

OLIVEIRA, H. A. et al. Produção de agregado sintético de argila com reaproveitamento de resíduo de vidro. **Revista Matéria**, Rio de Janeiro, v. 24, n. 1, p. 1-11, 2019. Disponível em: <https://www.scielo.br/pdf/rmat/v24n1/1517-7076-rmat-24-1-e12318.pdf>. Acesso em: 14 set. 2020.

PADILHA, G. M. A.; BOMTEMPO, J. V. A inserção dos transformadores de plásticos na cadeia produtiva de produtos plásticos. **Polímeros: Ciência e Tecnologia**, v. 9, n. 4, p. 86-91, jul./set. 1999. Disponível em: <https://www.scielo.br/pdf/po/v9n4/6187.pdf>. Acesso em: 16 dez. 2020.

RICHTER, C. A. **Tratamento de lodos de estações de tratamento de água**. São Paulo: Blucher, 2001.

SANTOS, A. S. F. et al. Sacolas plásticas: destinações sustentáveis e alternativas de substituição. **Polímeros**, v. 22, n. 3, p. 228-237, 2012. Disponível em: <https://www.scielo.br/pdf/po/v22n3/aop_0884.pdf>. Acesso em: 16 dez. 2020.

SILVA, L. A. A.; PIMENTA, H. C. D.; CAMPOS, L. M. S. Logística reversa dos resíduos eletrônicos do setor de informática: realidade, perspectivas e desafios na cidade do Natal-RN. **Revista Produção Online**, Florianópolis, v. 13, n. 2, p. 544-576, abr./jun. 2013. Disponível em: <https://producaoonline.org.br/rpo/article/view/1133/1017>. Acesso em: 16 dez. 2020.

SNIS – Sistema Nacional de Informações sobre o Saneamento. **Diagnóstico do Manejo de Resíduos Sólidos Urbanos 2018**. Brasília, 2019. Disponível em: <http://www.snis.gov.br/downloads/diagnosticos/rs/2018/Diagnostico_RS2018.pdf>. Acesso em: 16 dez. 2020.

SOUSA, D. C. G. et al. A importância da reciclagem do papel na melhoria da qualidade do meio ambiente. In: ENCONTRO NACIONAL DE ENGENHARIA DE PRODUÇÃO, 36. 2016.

SOUSA, R. R.; PEREIRA, R. D.; CALBINO, D. Memórias do lixo: luta e resistência nas trajetórias de catadores de materiais recicláveis da ASMARE. **Revista Eletrônica de Administração**, Porto Alegre, v. 25, n. 3, p. 223-246, set./dez. 2019. Disponível em: <https://www.scielo.br/pdf/read/v25n3/1413-2311-read-25-3-223.pdf>. Acesso em: 16 dez. 2020.

SOUZA, M. M. et al. Uso do lodo de esgoto na produção de agregados leves: uma revisão sistemática de literatura. **Matéria**, Rio de Janeiro, v. 25, n. 1, p. 1-10, 2020. Disponível em: <https://www.scielo.br/pdf/rmat/v25n1/1517-7076-rmat-25-01-e12596.pdf>. Acesso em: 16 dez. 2020.

THOMPSON, R. C. et al. Plastics, the environment and human health: current consensus and future trends. **Philosophical Transactions of the Royal Society B**, i. 364, n. 1526, p. 2153-2166, 2009. Disponível em: <https://www.researchgate.net/publication/26293587_Plastics_the_environment_and_human_health_Current_consensus_and_future_trends>. Acesso em: 16 dez. 2020.

YOUNG, P.; BYRNE, G.; COTTERELL, M. Manufacturing and the Environment. **The International Journal of Advanced Manufacturing Technology**, v. 13, n. 7, p. 488-493, 1997.

WATANABE, C. B. **Conservação ambiental**. Curitiba: Instituto Federal do Paraná, 2011.

WILLERS, C. D.; RODRIGUES, L. B.; SILVA, C. A. Avaliação do ciclo de vida no Brasil: uma investigação nas principais bases científicas nacionais. **Produção**, Rio de Janeiro, v. 23, n. 2, p. 436-447, abr./jun. 2013. Disponível em: <https://www.scielo.br/pdf/prod/v23n2/aop_t6_0009_0533.pdf>. Acesso em: 16 dez. 2020.

ZAGO, V. C. P.; BARROS, R. T. V. Gestão dos resíduos sólidos orgânicos urbanos no Brasil: do ordenamento jurídico à realidade. **Engenharia Sanitária e Ambiental**, v. 24, n. 2, p. 219-228, mar./abr. 2019. Disponível em: <https://www.scielo.br/pdf/esa/v24n2/1809-4457-esa-24-02-219.pdf>. Acesso em: 14 set. 2020.

Materiais selecionados

CAMPOS, E. S.; FOELKEL, C. **A evolução tecnológica do setor de celulose e papel no Brasil**. São Paulo: ABTCP, 2016.

Esse livro apresenta de forma bem completa o setor de papel e celulose. Considerando que o papel é o material mais coletado para a reciclagem, vale a pena compreender o contexto histórico e a evolução nos processos de reciclagem desse material.

CEMPRE – Compromisso Empresarial para Reciclagem. **Lixo municipal**: manual de gerenciamento integrado. São Paulo: Cempre, 2018.

Esse manual de referência para a gestão dos principais materiais descartados no Brasil reúne informações importantes a respeito do processo produtivo e das questões sobre a reciclagem dos materiais.

EIGENHEER, E. M. **A história do lixo**: a limpeza urbana através dos tempos. Rio de Janeiro: ELS2 Comunicação, 2009.

Esse livro faz uma contextualização histórica do descarte e da evolução na concepção a respeito dos materiais descartados. Quando o lixo passou a ser um problema? Como nossa visão a respeito do que é lixo e o que é resíduo se modificou ao longo do tempo? Essas são algumas das questões que o autor se dispõe a debater. O livro apresenta uma linha do tempo muito interessante e que pode ser o ponto de partida para o estudo dos resíduos.

FRAGA, S. C. L. **Reciclagem de materiais plásticos**: aspectos técnicos, econômicos, ambientais e sociais. São Paulo: Érica, 2014.

A reciclagem do plástico é minuciosamente descrita nessa obra, que ainda apresenta o contexto da reinserção de resíduos de plásticos aos processos produtivos. O livro aborda desde a constituição principal desses materiais até os equipamentos utilizados para a reciclagem.

LEONARD, A. **A história das coisas**. Rio de Janeiro: Zahar, 2011.

Com uma linguagem muito acessível, a autora Annie Leonard expõe os caminhos pelos quais as matérias-primas passam até a chegada dos produtos aos pontos de venda. Ela questiona a real necessidade de fazermos uso de todas as coisas que costumeiramente consumimos.

SILVEIRA, A. L.; BERTÉ, R.; PELANDA, A. M. **Gestão de resíduos sólidos**: cenários e mudanças de paradigmas. Curitiba: InterSaberes, 2018.

Ponto de partida para entender o cenário da gestão do lixo, essa obra reúne aspectos importantes para a compreensão dos diferentes tipos de resíduos sólidos. Os autores realizam uma contextualização necessária para situar a urgência de tecnologias que se dediquem à reciclagem, além de abordar questões relacionadas ao saneamento.

Apêndice

Outros processos de reciclagem

Nesta obra, discutimos sobre a problemática dos aterros sanitários e lixões pelo país, expondo principalmente a produção de chorume e biogás a partir dos resíduos orgânicos. Entretanto, é possível realizar a reciclagem da matéria orgânica, evitando, assim, os impactos ambientais gerados pela disposição final. A tecnologia de reciclagem com essa finalidade é a **compostagem**.

Outros resíduos, como restos de tintas, restos de solventes ou materiais de alta resistência, mas que ainda não podem ser reciclados, apresentam um grande potencial para a geração de energia e para a indústria do cimento. Dessa forma, o **coprocessamento** e o aproveitamento energético, que serão também abordados neste apêndice, podem ser soluções viáveis.

Compostagem

O solo é uma boa destinação para os resíduos orgânicos, compostos basicamente por restos de alimentos. Diversos organismos exercem efeito na biodegradação de materiais e na transformação dos resíduos orgânicos em produtos com novas possibilidades. A presença de fungos e bactérias permite o desenvolvimento da técnica de compostagem, muito utilizada para dar outro destino, que não a disposição final, para os resíduos orgânicos. Ademais, em alguns países, a compostagem, em menor escala, tem sido empregada em processos de descontaminação de solos contaminados por produtos/resíduos perigosos, como os resíduos do refino de petróleo com **substâncias recalcitrantes** (Manahan, 2013).

Substâncias recalcitrantes são compostos orgânicos complexos de difícil degradação.

Lightspring/Shutterstock

A compostagem segue um princípio básico: a mimetização dos processos que ocorrem naturalmente no ambiente. Trata-se de um processo que utiliza o mecanismo de reciclagem pelo qual os organismos em decomposição são reassimilados e aproveitados na forma de nutrientes, fechando o ciclo entre aquilo que é descartado e a produção de novas estruturas vivas. O **composto**, material obtido ao final do processo, pode ser utilizado como fertilizante e condicionante de solo, em virtude do alto teor de nutrientes importantes para o crescimento das plantas. Além disso, seu uso pode ser associado à retenção de água em solos, minimizando os efeitos da erosão e melhorando o rendimento de plantações. Por ser um método relativamente simples, a população pode desenvolver composteiras domésticas, permitindo a redução dos resíduos orgânicos que chegam aos aterros e lixões do país (Miller Jr., 2011).

A Figura A, a seguir, indica a composição do lixo domiciliar, cuja maior porcentagem é de resíduos orgânicos. Dados como esses evidenciam a importância de se utilizarem técnicas como a compostagem para a minimização dos impactos que esses resíduos causam.

Figura A – Composição dos resíduos domiciliares no Brasil em porcentagem

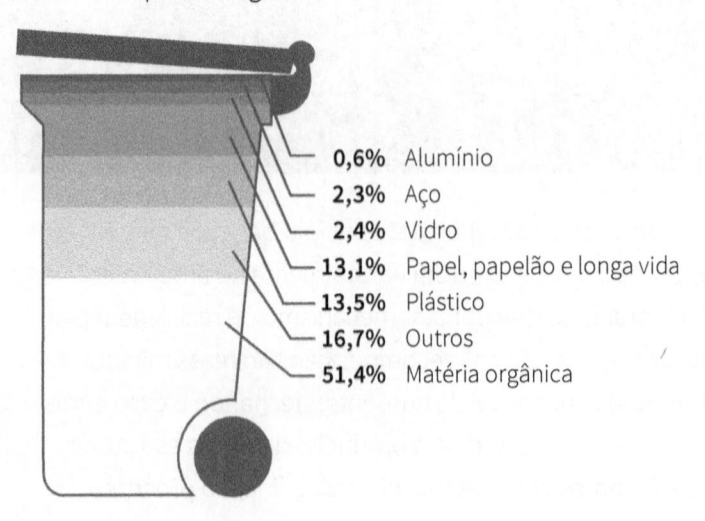

- 0,6% Alumínio
- 2,3% Aço
- 2,4% Vidro
- 13,1% Papel, papelão e longa vida
- 13,5% Plástico
- 16,7% Outros
- 51,4% Matéria orgânica

Fonte: Cempre, 2018, p. 38.

Entre as vantagens do método, destacam-se: o aumento na vida útil de aterros sanitários, já que mais da metade dos resíduos domiciliares deixam de ser ali dispostos; a obtenção de composto com possibilidades de uso agrícola; o fato de ser uma técnica ambientalmente segura quando aplicada corretamente; redução da necessidade de tratamento de efluentes (chorume) etc. (Cempre, 2018).

A técnica da compostagem está baseada na decomposição* de materiais orgânicos por microrganismos presentes no solo, resultando em um material livre de patógenos e com altos teores de sais inorgânicos e húmus. Podem ser reciclados por essa técnica os materiais da fração orgânica dos resíduos que têm o potencial de serem biodegradados, como os restos de alimentos e resultados de poda.

Conforme Mancini, Ferraz, Bizzo (2012), a compostagem pode ser:

- **natural** – processo que costuma levar mais tempo para ocorrer e utiliza os mecanismos naturais de decomposição;
- **acelerada** – técnica que usa reatores com temperatura controlada para obter melhores condições de decomposição;
- **vermicompostagem** – variação que utiliza organismos como minhocas para acelerar o processo por meio da oxigenação da pilha de resíduos; e
- **caseiro** – método em que se empregam composteiras domésticas.

---

* Conversão da matéria orgânica em elementos simples (água, nitratos, dióxido de carbono etc.). Em presença de oxigênio ocorre por meio de reações de oxidação, semelhante ao que ocorre em reações de combustão.

Coprocessamento

Outra modalidade de reciclagem é o uso de resíduos para a produção de materiais cimentícios, transformando aquilo que seria descartado em novos produtos. O coprocessamento envolve a queima controlada dos resíduos em fornos de cimento, contribuindo para minimizar os gastos com combustíveis e matérias-primas. A principal vantagem na aplicação desse método reside nas amplas possibilidades de reciclagem de resíduos na forma de aproveitamento energético ou como insumos para a indústria do cimento. Além disso, o coprocessamento possibilita o uso de uma ampla variedade de materiais, alguns inclusive com reduzidas possibilidades de reciclagem por outros métodos, como é o caso dos pneus e do óleo usado (Cimento.org, 2010).

Para a realização do coprocessamento, é preciso estar atento às normativas que regulamentam o setor, estabelecidas pelo Conselho Nacional do Meio Ambiente (Conama) e que estão em constante modificação. Antes da aplicação do método, entretanto, também é imprescindível promover testes de queima, no caso do aproveitamento energético, e testes de resistência e durabilidade, no caso de produtos cimentícios que utilizam resíduos como insumos.

As principais vantagens do coprocessamento são (Fundação Proamb, 2020):

- eliminação segura e definitiva de resíduos;
- minimização no uso de energia das fontes não renováveis, dependendo da matriz energética;

- eliminação de pneus, material que representa grandes problemas ambientais e de saúde pública;
- redução da geração de gases de efeito estufa, como o dióxido de carbono (CO_2).

Um aspecto importante no coprocessamento diz respeito à necessidade de monitoramento das emissões gasosas, a fim de evitar contaminações atmosféricas, processo que já faz parte das atividades de empresas que atuam no ramo.

Em acréscimo, alguns resíduos não podem ser reciclados pela tecnologia do coprocessamento, sendo os principais (Cimento. org, 2015):

- resíduos de serviço de saúde;
- resíduos radioativos;
- agrotóxicos;
- materiais com potencial explosivo;
- substâncias organocloradas.

Tal restrição resulta da periculosidade desses materiais e da problemática das emissões gasosas contendo dioxinas e furanos, compostos de elevada toxicidade.

Respostas

Capítulo 1

Triagem de conhecimentos

1. d
2. c
3. d
4. b
5. d

Capítulo 2

Triagem de conhecimentos

1. b
2. c
3. d
4. e
5. d

Capítulo 3

Triagem de conhecimentos

1. d
2. c

3. d

4. a

5. e

Capítulo 4
Triagem de conhecimentos

1. a

2. c

3. c

4. a

5. d

Capítulo 5
Triagem de conhecimentos

1. a

2. c

3. b

4. a

5. d

Capítulo 6

Triagem de conhecimentos

1. e
2. d
3. a
4. c
5. e

Capítulo 7

Triagem de conhecimentos

1. b
2. a
3. c
4. a
5. e

Sobre o autor

Augusto Lima da Silveira é graduado em Tecnologia em Química Ambiental, licenciado em Química e mestre em Ciência e Tecnologia Ambiental pela Universidade Tecnológica Federal do Paraná (UTFPR). É também especialista em Educação Profissional Técnica pelo Instituto Federal do Paraná (IFPR) e em Formação Docente para EAD pelo Centro Universitário Internacional (Uninter). Atualmente, é doutorando pelo Programa de Pós-Graduação em Ecologia e Conservação da Universidade Federal do Paraná (UFPR), desenvolvendo estudos na área de ecotoxicologia. É coordenador dos cursos superiores de Tecnologia em Saneamento Ambiental e Gestão em Vigilância em Saúde, ambos da Uninter. Atuou como professor convidado em disciplinas ligadas à sustentabilidade nos cursos superiores da mesma instituição nas modalidades de educação a distância (EAD) e presencial. Foi coordenador de cursos de pós-graduação na área de meio ambiente na Uninter (modalidade EAD). Tem experiência na área de ciências ambientais e atua principalmente com os seguintes temas: cianobactérias; cianotoxinas; ecotoxicologia; macrófitas aquáticas; química ambiental; e sustentabilidade. É um dos autores da obra *Meio ambiente: certificação e acreditação ambiental*, lançada pela Editora InterSaberes, em 2017, e o autor principal da obra *Gestão de resíduos sólidos: cenários e mudanças de paradigma*, também publicada pela InterSaberes, em 2018.

O autor também fala sobre meio ambiente de forma descomplicada em seu projeto @verboambiental, no Instagram.

Os papéis utilizados neste livro, certificados por instituições ambientais competentes, são recicláveis, provenientes de fontes renováveis e, portanto, um meio responsável e natural de informação e conhecimento.

Impressão: Reproset
Fevereiro/2023